现代科普博览丛书

# 现代生活与物理科学

XIANDAI SHENGHUO YU WULI KEXUE

杨天华　编

黄河水利出版社

·郑州·

图书在版编目(CIP)数据

现代生活与物理科学/杨天华编.—郑州:黄河水利出版社,2016.12（2021.8 重印）
（现代科普博览丛书）
ISBN 978-7-5509-1475-9

Ⅰ.①现… Ⅱ.①杨… Ⅲ.①物理学-青少年读物 Ⅳ.①O4-49

中国版本图书馆CIP数据核字(2016)第175721号

出版发行:黄河水利出版社
社　　址:河南省郑州市顺河路黄委会综合楼14层
电　　话:0371-66026940　　邮政编码:450003
网　　址:http://www.yrcp.com

印　　刷:三河市人民印务有限公司
开　　本:787mm×1092mm　1/16
印　　张:10.75
字　　数:160千字
版　　次:2016年12月第1版　　2021年8月第3次印刷
定　　价:39.90元

# 目　录

# 一、生活与力学

## “1+1”等于2吗？

拿一根很难拉断的线，拉直并固定其两端，然后只要在线的中央，横向轻轻地一拉，线就断了。实验证明，在这种情况下沿线的方向可以产生几倍甚至几十倍于横向的拉力，这种神奇的力量是怎样产生的呢?

我们知道，在算术里1+1必然等于2是毫无疑义的事实。在力学里，当两个分力的方向相同(夹角为零度)时，合力为两分力算术值的和。如弹簧秤同时测两个各为1牛顿的物体，其示数为2牛顿，这时1+1=2也是正确的。但是当两分力间的夹角由零增大时，合力值便逐渐由2牛顿变小了。例如当夹角是90°时，合力值为$\sqrt{2}$牛顿，当夹角变为180°时，合力为0牛顿，显然1+1≠2了。这是由于力是矢量，当两个力的方向不一致时算术加法便不适用了，只能用几何加法（或称矢量加法，遵守力的平行四边形法则）来处理。

反过来，力又可以分解，它是力的合成的逆过程，所以它为对角线作平行四边形，相邻的两边就是该力的两分力，同理可发现，对同一合力值，随着分力间夹角的增大，它所分解的分力值亦随之增大；当夹角为180°时，从理论上讲分力应变成无穷大了。拉一根绷紧的线，两分力间的夹角是很大的，因此一个小的力便可分解出很大的分力。至此人们常说的拖出车辆之谜的奥秘也就迎刃而解了，这原来只是力的大角度分解在显神威罢了。

请想想看，当在单杠上引体向上时，手并拢很容易将身体拉起来。但是当两臂间的夹角增大时再将身体拉起来就越来越困难，夹角增大到一定值时，甚至不可能再把身体拉起来了。

汽车行驶在盘山公路来回兜圈子看起来太费事了，为何不直接开上去呢?原来盘山公路就是变形的斜面，在斜面上汽车的重力要分解成两个分力；随着坡度的增大，平行于斜坡的分力值也相应增大，直至大于汽车的牵引力与车轮和路面的摩擦力之差，此时汽车就要下滑了，必将导致车毁人亡的悲惨后果。所以汽车就只好多走路程，在山腰里盘旋而上，“一山飞峙大江边，跃上葱茏四百旋”的诗句生动地描述了这种情景。

## 克雷洛夫的寓言

寓言家克雷洛夫关于“天鹅、龙虾、梭鱼跟一车货物”的寓言大家可曾读过吧。一车货物被天鹅、龙虾和梭鱼向不同方向用力拉，“……天鹅展翅冲向云霄，龙虾用力向后退，而梭鱼却拼命地往水里拉”。结果“货车现在还停在原处。”寓言还指明，“对它们说来，货车似乎是很轻的。”寓言的含义是：做一件事情，如果大伙的心不齐，各自分道扬镳的话，就将一事无成。

按克雷洛夫的观点，它们的合力应为零。然而从力的合成原理来分析，并不尽然。

在这里，受力的对象是货车，它除受三个小动物的拉力外，还

受地球的吸引力。按寓言指出的货车似乎很轻,它就有两种可能:一是天鹅向上的拉力完全抵消货车的重量,这样问题就大为简化,只考虑龙虾和梭鱼对货车的作用便可以了,二者的合力不等于零,指向河里。二是天鹅的拉力和货车的重量不能完全抵消,至少也抵消货车的一部分重量,从而减少车轮跟地面和车轴的摩擦,使龙虾和梭鱼更容易拖动货车。由此看来天鹅在客观上帮助了龙虾和梭鱼。

至于龙虾和梭鱼的合力能否拖动货车,应视具体情况而定。如果二者的合力大于摩擦力(包括车轮跟地面和车轴的摩擦力),货车是应该移动的,移动的方向与合力的方向一致。只有二者的合力小于摩擦力时,货车才不能动,但这又和“货车似乎很轻”的假设相矛盾。总而言之,寓言在劝诫人们齐心合力进行工作方面是有积极意义的,但若肯定货车不能动,也是不太符合科学道理的。

现在我们再从力学原理来考察某些动物的本能动作。如黄鼠狼偷鸡时,有时能带着鸡翻墙而过,从体力上说这是黄鼠狼力所不及的,然而为啥它又能跳过墙呢?原来黄鼠狼并不把鸡咬死,它一方面咬着鸡的脖子,另一方面把身体巧妙地藏在鸡的翅膀下面,像驭手那样驾驭着鸡飞。当鸡飞时的升力,大于二者的重量之和时,必然能越墙而过了。

蚂蚁是众所周知的“大力士”,但在很多场合下,它们在拖动猎物时不是齐心合力地去干,而是各自用各自的力,实际上彼此拆台,互相抵消.如果能发挥合力的最佳效果,往往众多蚂蚁干的活,只需少数几只蚂蚁便可以了。但是蚂蚁毕竟是没有思维的低能儿,它们祖祖辈辈我行我素,多可惜的“大力士”呀!

## 摩擦的起因

在我们的日常生活中，处处和摩擦打交道，摩擦究竟是怎样产生的呢?历史上说法不一，大体有两种。

其一是凹凸说。我们知道，物体相互接触是产生摩擦的条件之一。接触物体的表面无论加工技术怎样精密也总是凹凸不平的，这种情况有人比作瑞士连同马特霍恩峰和埃加峰一起翻过来，再覆盖在喜马拉雅山脉上一样。由此你可以具体地想象到接触面是很不光滑的，它们之间险峰林立，深谷丛生。因此，当发生滑动或有滑动趋势时，它们之间的凸起部分就要相互碰撞，甚至受到破坏。这势必对运动发生阻碍，即产生摩擦力。

其二是分子说。它否定凹凸说的观点，认为摩擦的起因在于接触面间的分子力的作用。并预言，如果物体表面的光洁度极高，会导致摩擦力增大的现象。在二十世纪随着研磨技术的提高，人们惊奇地发现当物体表面研磨得相当光滑时它们会“粘”在一起。例如，将几块磨得极其光洁的块规叠起来，即使让接触面与重力平行而没有正压力，块规也不会滑动，说明这种摩擦力是由于分子间的相互吸引而产生的。这种吸引力仅当分子间的距离小于百万分之一厘米时才起作用。

这种分子力追根溯源是由于分子之间的电磁相互作用而引起的。因为原子和分子都属于由带正电的原子核和带负电的电子组成的系统，其中主要的是电磁相互作用。

综上所述，两种说法各有千秋，应视具体情况具体分析之。如物体表面比较粗糙，用凹凸说来解释比较方便；当物体表面极其光滑时用分子说(实质属于电磁力相互作用)来分析就更科学些。

# 摩擦的功过

对于摩擦，若采用简单的褒或贬的办法都是不公正、不科学的，应做具体的分析，不能一概而论。

想想看，假如我们生活在一个没有摩擦的世界里，那是不堪想象的，那时饭将从我们嘴里滑掉；衣服既抓不住也穿不到身上；走路时腿无法挪动，各种车辆也无法开动；各种工作和劳动也将一事无成，人们无法拿工具和文具。因此世界上将不存在房屋、工厂和道路。如果没有摩擦，地球上所有的物体将像流体一样，不断地在滚着、滑着，致使高山在变低，谷地在升高。最后，地球将变成一个没有高低的圆球。这样的世界人类是无法赖以生存的，这是多么可怕的情景啊！所以人们在生活和生产中不但依赖于摩擦，而且设法增加有益的摩擦。如各种车辆的制动设备体现了“不滞不行”的道理；汽车在冰道上行驶要撒沙子或是在轮胎上缚防滑链；传动皮带要擦皮带油；弦乐器的弦上要擦松香，等等。

但是有其利必有其弊，摩擦也给人类带来各种害处，每年由于克服摩擦而付出的代价也是很惊人的.如各种机械和车辆内部有很多转动和滑动的部件，它们在运转时，由于摩擦而使机器发热，甚至把机器烧坏。这不仅白白浪费掉不少能量，而且还损失很多宝贵的材料。

为了减少摩擦，人们绞尽了脑汁，一般是用滚动来代替滑动。我国早在三千多年前的商代，就有了马车，地面对车轮的滚动摩擦要比地面对物体的滑动摩擦小得多，人们在生活中搬运重物时也常常采用滚动的办法来减少摩擦，如油桶从甲地移到乙地往往是将油桶滚过去而不是抬过去。古代搬运大石块或大木料也常常采用滚动的办法，北京的故宫有很多建筑材料就用这种办法从

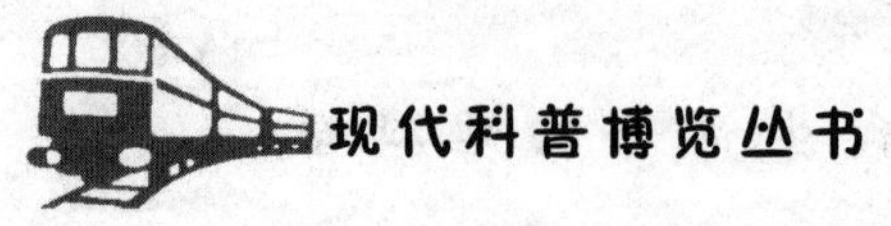



远方运来的。在十九世纪人们制造出滚动轴承就更方便了。一般而言,用滚动轴承来代替滑动轴承,摩擦可以减少到原来的百分之几。目前外径从1毫米多到几米的各种规格的滚动轴承已很齐备,它们在机械设备中大显神威。

人们为了进一步减少摩擦,又在各种轴承和部件之间采用润滑的办法,良好的润滑是保证机械正常工作的不可缺乏的条件。我国早在公元前几百年的周代,就已经懂得利用润滑来减少摩擦了。《诗经》中有“载脂载牵……遍臻于卫”的记载,就是说在牵引的车轴上涂上油脂,就可以很容易到达卫国。润滑的方法一般有三种:

涂润滑油是最常用的方法、它可以使摩擦减小百分之八九十。

固体材料也可做润滑剂,如苏联在寒冷季节的坦克和车辆上使用二硫化钼作为润滑剂。另外在通信卫星上日夜转动的发射天线,也在滚珠轴承上喷涂二硫化钼。

空气作为润滑剂是鲜为人知的事,其实空气的粘度大约是油的千分之一,是很理想的润滑剂。因此,空气轴承的摩擦相当小,它广泛应用于每分钟几万到几十万转的小型高速磨床、高级陀螺仪的轴承上。医生用的牙钻每分钟40万转,也采用气体轴承。

对高速飞行的物体,除利用上述办法减少摩擦外,还在几何形状上采取措施。如车辆、飞机、火箭、舰船、航天飞机、炮弹等外形都做成流线型。这是由于在空气和水中运动的物体,所受的摩擦阻力随着速度的增大而急聚增长,做成流线型并且有的飞机采用后掠机翼或三角机翼,这些都是减少摩擦阻力的有效措施。

# 拔河的秘诀

拔河时紧张而激烈,是饶有风趣的集体比赛项目。双方不但赛体力还赛智力,取胜的秘诀何在?有人说根据牛顿第三定律,作用力和反作用力的大小既然相等,因此拔河就不会有输赢。这种观点对吗?

拔河有三对力存在:甲队对乙队的拉力$F_{甲对乙}$和乙队对甲队的拉力$F_{乙对甲}$,甲队队员蹬地的力的合力$F_{甲对地}$和地面的反作用力$F_{地对甲}$,乙队队员蹬地的力的合力$F_{乙对地}$和地面的反作用力$F_{地对乙}$。根据牛顿第三定律:

$$F_{甲对乙}=F_{乙对甲} \qquad F_{甲对地}=F_{地对甲} \qquad F_{乙对地}=F_{地对乙}$$

现在把甲、乙两队和绳子看作是一个系统,系统所受的外力只有$F_{地对甲}$和$F_{地对乙}$两个力了。显然,当$F_{地对甲}>F_{地对乙}$时,甲队胜利;反之,当$F_{地对甲}<F_{地对乙}$时,乙队胜利。由此可见,牛顿第三定律对拔河照理仍是正确的。这里的蹬力和地面的反作用力的实质是一对静摩擦力。取胜的关键在于:

一是蹬力大,从而使地面产生大的反作用力。这首先要求选拔力气大的队员,另外要对地面产生足够的摩擦力,必须穿着底面尽可能粗糙的鞋子。

二是选体重大的队员,也就是他们的质量大。刚才我们讲过,作为系统来考虑,所受的合外力是地面对两个队的反作用之差。如增大队员的质量,则产生的加速度就小.只要稳住阵脚,用力蹬地,就不易被拉动。

三是在比赛中身体要后仰,两腿屈伸,双脚的位置要便于产生尽可能大的蹬力,另外,身体的重心要降低,以保持稳重平衡。

四是听从指挥,心齐而不散,保持最佳的竞技状态。

由此观之,欲取胜绝非轻易之举!

# 自动平衡的木棒

甲:现在我们来做个游戏,将一根木棒水平地放在两个食指上,然后相向移动两个手指,但是木棒却不能同时在两个手指上滑动,总是先在一个食指上滑动,然后又在另一食指上滑动,如此交替地重复下去,直到两食指并拢为止。而且木棒始终保持着平衡,不知是什么道理?

乙:首先这是由于静摩擦系数总大于滑动摩擦系数;另外,摩擦力不但取决于摩擦系数,还与木棒压在手指上的重量(正压力)有关。开始时,由于两手指离木棒重心的距离一般是不相同的,所以压在两手指上的重量亦不相等。离木棒重心近的那个手指所负担的重量较大,压力也较大,因而摩擦也较大,所以开始滑动的总是离重心远的手指。一旦滑动的手指比不滑动的手指更接近于木棒的重心时,木棒就在另一个食指上滑动了。如此交替地持续下去,最后两个食指就并拢在一起。由于每次总是离重心较远的那个手指在移动,所以两个手指靠拢时,两个食指必然在重心下方的两侧,即重力作用线通过支持物构成的底面,故木棒始终处于平衡状态。

甲:变换别的物体行吗?

乙:可以。例如台球杆、带把手的手杖、画图尺,甚至擦地板的拖布杆,铁锹、镐等都行,一般与物体的几何形状无关。

甲:用一头重一头轻的物体,将其在两手指碰在一起的地方分成两部分,既然时时都能处于平衡状态,它们的重量相等吗?

乙:噢,你是把这种平衡和天平的平衡混淆了。这里平衡的两部分各自的重心位置到整个物体的重心位置的距离是不相等的,即属于不等臂杠杆。当然,力臂短的那部分重量要重些。而天平是等臂杠杆,自然加在杠杆两部分的重量是相等的。

## 很难确定的问题

在一次国际学术会议期间,有人向三位著名的物理学家——伽莫夫、奥米海默和诺贝尔奖金获得者布洛赫提出了一个有趣的问题:在一个不大的池塘中浮着一只装满石块的小船,假如船上的人把石块投进水里,水面的高度会不会发生变化?

你可不要以为用这样简单的问题问著名的物理学家,这岂不是班门弄斧吗?遗憾的是他们三人都没答对。

表面上看来,问题比较复杂。石块入水后将排开一部分水,使水面上升;然而船的载货量减少又要浮起,因而池塘水面又要下降。这样分析,池塘里的水究竟是上升、下降,还是不升不降呢?就很难确定了。

实际上,由于船和人的重量是不变的,只考虑石块在船上还是在水里的情况就行了。

石块在船上时,排开水的重量应该等于石块的重量,然而当石块投入水中之后,排开水的重量仅等于和石块同体积的水的重量。由于石块的密度(约为2.5克/厘米$^3$)大于水的密度(1克/厘米$^3$),当然石块在船上所排开的水的重量要比在水中大,即前者排开水的体积要比后者多。所以,前后较之,把船上的石块投入水中之后,池塘里的水面应该比原来低。由此看来,权威也有失误的时候,孰是孰非只有勤动脑筋,才能明辨其真伪。在科学面前人人平等,千万不可盲目崇拜,随意听信啊!

## 液体中的浮力

大家都知道,鸡蛋在淡水里会下沉,如果把它放在盐水里却飘浮。同样,人在江河湖海里也要下沉,但是却能躺在"死海"里看书。一块锡箔把它捏成一团可沉,做成船则浮起。这究竟是什么原因呢?

相传在两千多年前通过揭破"金冠之谜"使阿基米德悟出了一个道理:物体在水里之所以会减轻重量,是由于受到向上的浮力,它的大小等于物体排开水的重量。他根据这个道理在希腊国王面前亲自做了实验:把王冠浸没在水里,根据它排开水的体积便知道王冠的体积。结果发现王冠的体积大于等重量的黄金的体积。说明珠宝商在王冠里掺进了比黄金密度小的白银。至此,"金冠之谜"便真相大白了。由此并总结出阿基米德定律:浸在液体里的物体所受的浮力等于物体排开同体积液体的重量。其数学表达式为:$F_{浮}=\rho_{液}gV_{浸}$。式中$\rho_{液}$为浸入的液体的密度,$V_{浸}$为物体在液体中浸没的体积。

物体在液体中的浮沉的条件是:$F_{浮}>G$(物体的重量),物体便上浮,$F_{浮}<G$,物体便下沉;$F_{浮}=G$,物体在液体中处于平衡状态,可以停留在液体中的任何地方,或在液体里做匀速直线运动。

懂得这个道理之后,刚开始我们提出的几个问题便不难弄清楚了。物体在淡水里易沉,在咸水里易浮,这是由于咸水的密度大于淡水密度的缘故。因此,物体在咸水里所受的浮力大于物体的重量,而在淡水里所受的浮力则小于物体的重量。根据这个道理,可用来选重,也可以解释人躺在死海里看书的趣闻。原来炎热而干燥的巴勒斯坦气候,使死海里的水分大量蒸发,因而溶解在海水里的盐的浓度越来越大。一般海水里的含盐量是2%~3%(按重量计算),而死海里的含盐量却在27%以上,致使任何生物都不能生存,无怪乎人们称之为"死海"。据估计死海里大约4000万吨盐,死海里含盐量如此之大,以致于人只要在海水里浸入一小部分体积,所排开海水的重量便可足以和人体的重量相等。这样

人便可以很轻松地躺在水面上而不下沉。关于这方面的趣闻作家马克·吐温作了生动的描述：

“这是一次有趣的沐浴!我们竟不会沉下去。在这里,我们可以把身体完全伸直,并且把两手放在胸部,仰卧在水面上。而大部分身体却仍旧在水面上。这时候我们还可以把头完全抬起来……你能够很舒服地仰卧着,把两个膝盖抬到下颚下面用双手抱住它们——不过这样会使你很快就翻一个筋斗,因为头部太重了。你可以头顶着海水竖起来,使自己从胸膛中部到脚尖这一段身体露在水上面,不过你不能长久地保持着这种姿势。你不能仰游得很快,因为你的脚完全露在水面上,只好用脚跟推水、如果你俯着身体游泳,那你不能前进,反而要后退。马在死海里既不能游泳,也不能直立,因为它的身体太不稳定了。它一到水里,只能侧着身子躺在水面上。

## 气体也有浮力

你不要以为物体只有在液体里才受到浮力,倘若果真如此,你可曾在节日里看过热气球的表演吗?它为什么能上升呢?还有载货的汽艇、吹的肥皂泡,为什么也能漂浮在空中呢?这说明物体在空气里也同样受到浮力,并且也遵循阿基米德定律,其浮沉条件也相同,从此我们可知道在空气中测量的物体的重量比它真实的重量要小些。不过一般由于减小得不多,人们不予重视罢了。但是对于庞大的热气球和汽艇,它们在空气中所受到的浮力却大得惊人,人们利用它们搬运各种货物,如贮木场用来搬运木材和在空中做各种实验。

## 浮力能使沉船再生

在世界各地的江河湖海里,每年要沉没很多船只,其中不少船只经过修复以后是可以重新使用的。如果任其沉睡水底多可惜呀!人们根据浮体原理,千方百计地把它们打捞上来,使其重新使用,现以"萨特阔"号为例说明之。

"萨特阔"号是帝俄时代的破冰船,它是在1916年由于船长渎职而沉没在白海里的25米处。打捞时在船底下面的海底上潜水手们挖了12条沟渠,然后将钢带穿过每条沟渠,并且钢带的两端与船体两旁的浮筒相连。

浮筒是不漏气的铁筒,长11米,直径5.5米,其体积约为250米$^3$。浮筒先是装满水沉在海底,它受的浮力是250吨,自重是50吨,因此每个浮筒的载重为200吨。

待12条钢带牢牢系好船体两侧的浮筒后,就用软管往浮筒里注入压缩空气。在25米处水的压力是3.5个大气压,当时用四个大气压的空气打入浮筒。全部浮筒里的水排空之后的总浮力为200×24=4800吨,这已超过该船的重量,为了平稳地把船浮起来,浮筒里的水只排出一部分。

上述工序从原理上讲好象并不复杂,但是有些实际技术问题却并不这么简单。"水下特殊工作队"的主任船舶工程师波布利茨基在谈到打捞时的情景说:"打捞队获得成功以前,曾经出了几次事故。有三次,在紧张地等待着的时候,我们看到的并不是船,而是混在波涛和泡沫之间自己冲上水面来的一些浮筒和破碎的软管。有两次已经捞上来了,没有等我们把它系牢,又重新沉下去了。"

早在九百多年以前,我国宋朝怀丙和尚打捞铁牛的故事也是

脍炙人口的。

1066年,黄河发大水冲走了一座桥梁和桥头的八只上万斤重的铁牛。官府为修复该桥,贴出"招贤榜",招募能工巧匠打捞沉入河底的铁牛。这一下可难坏了周围的人们,正当人们一筹莫展的时候,有一个叫怀丙和尚的出来揭榜,他说:"铁牛是被水冲走的,我就叫水把铁牛送回来!"

怀丙准备了两只装满沙土的大船,用一根大木梁捆绑在两只船上,成一个"廿"字形。然后选一根粗绳索,一端拴在木梁中间。另一端紧缚铁牛。准备妥当后,派人把船上的沙土卸掉,随着船上沙土的减少,铁牛也就慢慢地上升。当沙土卸完时,铁牛便从淤泥中被拉了出来。怀丙果真利用水的浮力"叫水把铁牛送回来"了。

## 破冰船何以能破冰?

大家可能听说过鲸鱼集体自杀的事吧,有时大批鲸鱼会游到岸边的沙滩上,不久便纷纷毙命了。至于它们为什么会集体游到岸边,目前尚无定论,姑且不去细究。但是它们是露出水面呼吸的呀,为什么在沙滩上不能生存呢?

上面我们说过,物体在水里的重量由于被浮力抵消一部分要轻些,一旦露出水面或脱离水,它在水里已失去的重量就会立刻恢复。

鲸鱼的厄运就在这里。它是个庞然大物,一旦它搁置在沙滩上,浮力立即消失,于是惊人的重量便会把它压死。难怪它要长久生活在水里才能赖以生存。

破冰船也大致是根据类似的道理工作的。有人认为破冰船像一般船只前进一样是冲破冰面前进的，这种船应该叫“切冰船”，它只能切开薄的冰层。

真正的破冰船的工作方式有两种情况：

一是遇到冰层在半米左右时，破冰船便依靠强大的动力把船首翘到冰面上去(为此船首的水下部分造得非常斜)。这时船首便恢复了它原有的重量，以极大的压力把冰压碎。为了加强这种作用，有时还在船首的贮水舱里盛满水。

二是遇到半米以上的冰块，这时破冰船先是往后退，然后再全速向冰块撞去。这时发挥作用的不是船首的重量而是破冰船的动量。根据动量定理，$\Delta mv=F_{冲}\Delta t$，因为撞击冰块时，破冰船的动量变化很大(虽速度不大但质量很大)，在很短的时间内可以产生很大的冲力，就像汽锤冲击工件一样。如果是几米高的冰山，就得反复冲击几次才撞碎它们。

现摘引一段1932年“西伯利亚人”号通过极地时，水手马尔科夫的一段描述：“在几百座冰山中间，在密实地覆盖着冰的地方，‘西伯利亚人’号开始了战斗，连续52个小时，信号机上的指针老是在从‘全速度后退’跳到‘全速度前进’。在13班每班4小时的海上工作着，‘西伯利亚人’号疾驰着向冰块冲去，用船首撞它们，爬到冰上把它们压碎，然后又退了回来。厚达四分之三米的冰块慢慢地让出了一条路。每撞一次，船身就可以向前推进三分之一左右”。

## 鱼鳔的大小能自动改变吗？

关于鱼鳔的一般说法是它控制着鱼的升降。当鱼从深水里浮到水的上层来时，它就鼓起自己的鳔，这时由于鱼的体积增大

了,使被排开的水的重量大于它的体重,于是按照浮沉条件,鱼就升起来;如果鱼想下沉,它就收缩鱼鳔,从而鱼的体积变小,使它的体重大于被排开的水的重量,因此鱼就沉下去了。

关于鱼鳔功用的解释,从17世纪佛罗伦萨科学院的波雷里教授在1685年正式提出后,一直沿用了二百多年,从没有人表示过异议,同时也在学校的教科书里生了根。后来经过科学家详细研究之后,才发现这个理论是毫无根据的。

诚然,鱼鳔与鱼的沉浮有着密切的关系。如果把鱼鳔切除,我们会发现只有在鳍加紧摇摆的情况下,才能浮在水里;鳍一停止,它就会沉到水底去。那么鱼鳔的作用究竟是什么呢?经过研究发现,鱼鳔是不会自动收缩的,因为鱼鳔的壁上并没有能够主动改变自己体积的肌肉纤维。因而,鱼鳔的真正作用说来十分有限:它只使鱼保持一定的体积,即只能使鱼停留在某一定的深处——所排开水的重量等于它的重量的那个位置。在这里,鱼鳔里的气压和周围的水压是平衡的,当鱼用鳍使自己下沉到比这个平衡的位置低时,它的身体由于经受着水的外来压力而缩小,并且对鳔施加压力,从而使鳔的体积变小,于是被排开的水的重量也变得比鱼的体重小了,因此鱼就不可避免地往下沉。它下沉得越低,水的压力就越大(平均每下沉10米,水的压力就增加1个大气压)鱼的身体也被压缩得越小,从而就继续往下沉。这时它就不得不以游动来避免进一步下沉。此外,鱼还会分泌出气体进入鱼鳔,以使它的体积几乎保持不变,所以尽管压强增大了,鱼仍能保持相同的体积,从而也使浮力保持不变。

当鱼用鳍的力量离开原来平衡的那个位置升高时,也会出现类似的情况,只是朝相反方向进行。上升后,水的外来压力减小,因而,鱼鳔要从里面把自己的身体撑大。鱼的体积越大,浮力也越大,于是也越需要继续往上升。鱼是不能用"压缩鱼鳔"的方法来阻止这种上浮趋势的，只能借助于鳍的力量。

总之，跟流行的说法相反，鱼鳔的体积是不会主动地胀大和缩小的。鱼鳔体积的改变是被动的，是在外部压力增强或减弱的作用下进行的(遵守波义耳—马略特定律)。鱼鳔体积的改变对鱼说来，不但没有好处，反而会招来麻烦，它将迫使鱼不得不越来越快地沉到水底去，或是越来越快地升到水面上来。鱼鳔虽然能使鱼在不动的时候保持平衡，但是这种平衡是不稳定的。

渔民观察到的情况，也可以证明这种说法，在深海里捕鱼的时候，常常可以看到有些鱼在半途中逃脱了，可是和人们的想法相反，它们并不重新沉入原来被捕的深水里，而是急速地上升到水面上来。这是由于在逃跑的那个位置的水压大大地小于海底的水压，这时鱼鳔被迫膨胀，它受的浮力远大于本身的重量，靠鱼鳍的力量也不能恢复平衡了。无可奈何，只能不得已地向上浮罢了。这样的鱼，有时可以看到它们的鳔已经突出到嘴外面来。

对鱼的浮沉来说，鱼鳔的真正功用恐怕就是如上所说。至于它在鱼的身体里是否还起别的作用，究竟是些什么作用，目前尚未研究清楚，这还是一个没有识破的谜。现在能解释明白了的，只是它在流体静力学方面的作用而已。

## 奇怪的作用和反作用

根据牛顿第三定律，作用力和反作用力总是大小相等，方向相反，作用在不同的物体上，并且发生在一条直线上。

当马拉车时，车子也以相同的力向后拉马，车子不应该原地不动吗?为什么反倒前进呢?问题的症结所在还是对牛顿第三定律没有正确的理解。作用力和反作用力虽然是等大小反方向，但

并不是作用在同一个物体上,因此这两个力不是平衡力,彼此不能抵消。前面说的两个等大小反方向的力,一个作用在车上,一个作用在马上。在水平方向上车受到两个力的作用,一是马拉车的力,一是地面阻碍车前进的摩擦力。在一般情况下,马拉车的力远大于车受到的摩擦力,合外力为二力之差,其方向与马拉车的力的方向相同。车就是在这个合外力的作用下加速前进的。

马拉车,当地面的摩擦系数足够大时,马蹄蹬地给地面以作用力,同时马也受到地面的反作用力,因此在水平方向上,马受到地面的反作用力和车对马的反作用力。二力较之,前者大于后者。二力之差为马所受的合外力,其方向和地面给马的反作用力的方向相同,马之所以能加速前进也就是这个合外力作用的结果。倘若马和车紧紧连接在一起,它们的加速度应是一样的。由此观之,马拉车的效果是马和车一道前进,不是原地不动。

雷同于这种现象的比如物体下落,物体受到地球的吸引力和物体给地球的反吸引力二者也是等大小反方向的。但只见物体下落,却不见地球上升。原因是地球的质量比物体大很多倍,所以地球的加速度就比物体的加速度小很多倍,实际上近乎零,一般就说地球巍然不动了。严格讲,地球时时在吸引周围的物体,同时也招惹周围的物体时时刻刻在吸引它,故地球是在不断地颤动,只不过不易察觉罢了。

## 大力士之死

相传古代有个膂力过人的大力士叫斯维雅托哥尔。他相信自己的力气,说“只要有地方用力,我就能举起整个地球”。后来传说他确实在地面上找到了一个“小褡裢”,它很牢固,不松不转,也不能从地里拔出来。有首民歌生动地描绘了这场表演：

斯维雅托哥尔跳下马，
双手抓住小褡裢，
把小褡裢提得高过了膝盖，
他就齐膝盖陷进地面里。
他苍白的脸上没有泪，却流着血，
斯维雅托哥尔陷在那里，再也起不来。
他的一生就此完结。

可怜的斯维雅托哥尔，这是和你相等的力把你拉进地里的。自然规律是不能违背的，人们只能认识和驾驭。不过从这个神话里可以看出，人们对作用和反作用的关系早在牛顿的《自然哲学的数学原理》发表几千年前就已经认识了。

## 火箭起飞

作用和反作用不但在日常生活中处处应用，还可用来制作各种飞行工具，火箭就是一例。甲、乙二人围绕这类问题展开一场讨论。

甲：火箭并不稀奇，我国节日放的“起火”(或流星)就是最早的火箭，因此我国被誉为“火箭的祖国”。可是有个问题还搞不清楚，火箭是利用内部喷出气体的冲力来推动本身前进的，就是说火箭可以不借助于外力而运动。那么我们为什么不能抓住头发把自己提起来呢?

乙：这是两个性质不同的问题，人们不能抓住头发把自己提起来，这是因为受力物体是人本身，头发和手是人体不可分割的组成部分。向上提头发的拉力和头发对手的反作用力都作用在

人体上，二力属于平衡力，彼此抵销了，这就是说物体不能只用内部力量使整体一起向前运动。

然而火箭的飞行情况就不一样了，火箭和喷出的气体是可分离的两部分。根据动量守恒定律，物体可使本身的一部分物质向一个方向运动，而使另一部分物质向相反的方向运动，火箭飞行的机理就在于此。

甲：类似的例子还有什么？

乙：还有很多类似的例子。在仿生学里人们精心地研究了各种生物的活动后，受到了很大的启示。例如乌贼，先将水经过体侧的孔和前面特制的漏斗吸入腮内，然后再紧缩漏斗把水排出体外。根据牛顿第三定律，排出的水产生反冲运动。在反冲力的作用下向前游去。有趣的是，它的漏斗管可根据需要随时改变方向，因此乌贼便能在水中自由活动了。

按仿学生的启示，人们不但制造了火箭、喷气式飞机，还制造出了气垫船，它可以畅行无阻地通航在江河湖海乃至沼泽等难以通行的地带。

甲：你刚才又提到火箭和喷气飞机，有人说它们的飞行是由于喷出的燃烧气体冲开空气时，受到空气的反作用的结果，那么火箭和航天飞机为什么又能在没有空气的太空里飞行呢？

乙：它们在没有空气的太空里不但能飞，而且比在空气里飞得更好。其实这并不奇怪，就拿火箭来说，上面我们曾提到，火箭和喷出气体是作为系统的两部分物质。火箭喷出高压气体后，实际上是受到喷出的气体的反冲力的作用而前进的。所以火箭只要携带助燃剂，在能喷出燃烧气体的情况下就能加速前进。在没有空气的空间里因为无须克服阻力，当然会飞得更快些。太空人就是利用叫做“气枪”的推进器在空中活动的。

早在19世纪60年代，法国人朱尔斯·维恩就在他的小说《飞向月球》里，描述了他幻想中的空中奇景："人们身感无重力，两腿脱离地板，用力直线行走，似醉汉步履蹒跚。"现在火箭已成了人们征服太空的工具，朱尔斯·维恩的预言也得到证实。1969年美国发射了"阿波罗11号"使人类首次登上了月球，目前在太空中形形色色的卫星和飞船都是靠火箭发射上去的。

## 万有引力

物体不但受地球的吸引力，而且物体跟物体之间存在着吸引力，由于万物皆有，故谓之万有引力。

不过，在一般物体之间的吸引力微乎其微，可以略而不计。但是对于庞大的天体，万有引力就相当可观了。比如地球对人的吸引力(重力)，能把人牢牢地吸附在地面上。太阳对地球的吸引力，有400亿亿吨之巨！地球之所以逃脱不了，从而乖乖地绕着太阳公转，就是这个巨大的力的作用结果。倘若由于某种原因太阳的强大引力消失了，地球便面临着悲惨的命运，向着寒冷而幽暗的宇宙深处飞去，永远不再返回了。假如用结实的钢绳系住地球，来代替那看不见的引力的链条，使它照现在的样子绕着原来的轨道运动的话，那就要200根直径是5公里的大钢柱，而且要求每根钢柱至少能承受2万亿吨的拉力才行！这简直是一片钢柱大森林，如果各钢柱之间的空隙，只比钢柱本身略宽一些，足以能覆盖面向太阳的那半个地球的表面。由于这个缘故，地球绕太阳的轨道是一个封闭的椭圆形。

## 火山为何常在六月爆发?

苏联学者别洛夫研究了3477年来全世界陆上与水下的火山喷发后,发现绝大部分火山爆发是在6月。他认为,火山爆发的这种季节性波动是受太阳的引力场的影响。6月,太阳与地球的旋转轴的方向一致,两者之间引力的相互作用促成火山爆发。

由银河核心部分产生的引力场作用,也是火山爆发的周期性波动的原因。1.9亿~2亿年的时间间隔正好与银河年相同,即和太阳系围绕银河系中心旋转的周期相同。

## 钱毛管现象之谜

在小学里都做过钱毛管实验,在抽成真空的玻璃管里盛着硬币和羽毛,先将硬币和羽毛靠拢在一起,然后迅速倒置,发现它们下落所需的时间相同。这似乎难以理解,人们往往认为硬币比羽毛落得快。产生这种疑惑或错觉有两方面的原因。一是单纯从日常生活经验来考虑,平时总有空气阻力的因素,当然硬币比羽毛落得快些。然而钱毛管是被抽成真空的,条件变了,结论理应不同,显然这是经验主义在作祟。另外,分析问题要切忌片面性,古代物理学家亚里士多德就认为物体所受的重力越大,下落的速度也越大,速度和物体的重力成正比,但是在同一地方重力大的物体质量也大,其惯性亦大。惯性大的物体运动状态不易改变,即速度变化更难。由此看来,物体的惯性总是在补偿它的重力所引起的运动的效果,比如硬币的惯性对于运动状态的改变方面恰好补偿了它所受的大的重力,因此它在下落时的速度变化并不比

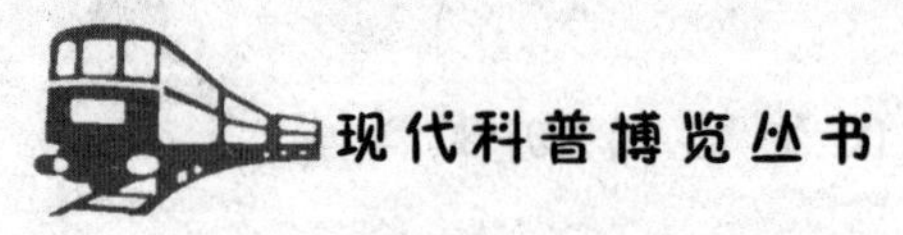


羽毛快。就是说它们具有相同的重力加速度,因此二者若同时下落,就应该同时到达管的底端。

## 把地球打通将会怎样?

能否把地球打通,至今仍是人们的幻想而已。据报道,苏联在1986年在科拉半岛打了1个深12千米的地洞,是目前已知的世界较深的洞。联邦德国也在该国南部两个小镇之间挖一个世界最深的地洞,约14千米深,将耗资2.5亿美元,工程需用十年方能完成。然而地球的半径却是6400千米,两个数字相差何等悬殊!由此可见,依靠现在的科学技术欲实现这一计划是很困难的。不过人们并未就此止步,自古至今,人们总在向往实现这一计划。

现在我们想像有这么一个无底洞,你一旦落进了这个洞将会怎样呢(暂时不计空气阻力)?

能否和洞底相撞呢?不会的,因为这里并没有底。那么,你会停留在哪里呢?

能停留在地球的中心吗?现在让我们来分析一下吧。

当你接近地球中心的时候,你下落的速度约为每秒钟8千米,这样大的速度,使你根本没法停留在这里。由于惯性,你会继续向前飞去,运动速度逐渐变慢,一直飞到洞的另一端的边缘。这时你必须牢牢地抓住洞边,不然你将会再次落入洞里,重复上一次的穿洞旅行,在洞的另一端出现。这样穿一次洞约需要84分24秒,即大约1小时24分钟。

如果这个洞是顺着一个极到另一个极的地轴挖的,情况就会像上面说的那样。可是如果我们把出发点移动到别的纬度上,比如移到欧洲、亚洲或非洲的大陆上,那么就得把地球自转的影响

也计算进去。众所周知，地球表面上的每一个点都因地球自转而飞奔。赤道上的各点每秒钟跑465米，所谓“坐地日行八万里”是也。而在巴黎所处的纬度上，每秒钟跑300米。由于离地球的自转轴越远，作圆运动的速度越大，所以扔进洞里的小铅球不会笔直地落进去，而是略微偏向东面。因此如果在赤道上挖掘无底洞，就应该把它挖得很宽，或者挖得十分倾斜，因为从地面落下的物体所走的路，会远远离开地心而偏向东方。

假若洞口的入口是在南美洲的一个高原上，这个高原的高度假定是两公里，而洞的对面那一端是在海平面上，那么，因为不小心而落进美洲那一端洞口的人，在到达对面洞口时的速度，一定可以使他在出洞口后再向上飞两公里。

如果洞的两端都在海面上，那么那个穿洞的人在洞口出现的时候，飞行速度已经等于零，我们就可以伸出手去接住他。而在前一种情况下，我们应当小心地闪在旁边，免得和那位飞得很快的旅行家相撞。

## 给我个支点，我就能举起地球

相传古代发现杠杆原理的力学大师阿基米德曾说过：“给我一个支点，我就能举起地球”。他在给叙拉古国王希伦的信中又补充道：“如果还有另一个地球的话，我就能到上面去(以此为支点)，把我们的地球移动。”偌大的地球，倘被举起，的确是件了不起的事情。根据杠杆原理，从理论上讲只要力臂足够长，就可以用一个足够小的力把任意重量的物体举起来，让我们具体算一算吧：地球的重量约为$5.965\times10^{24}$千克，假设一个人能举起60千克的重物，能举起地球的杠杆的长短臂之比为$1:10^{23}$。按这个比例，如果在短臂的一端使地球升高1厘米的话,那么手按住长臂的一端在空间里所通过的弧长为10~18公里。倘若阿基米德能在1秒钟里把60千克的重物举高1米(其功率近于1马力),那么如欲把地球举起1厘米就得花费30亿万年！由此可见,即便阿基米德耗费毕生的精力,也休想把地球举高一丝距离。这正如"力学的黄金律"所指出的,使用任何机械如果在移动长臂的力上占了便宜,必然在移动长臂的距离上,也就是在移动长臂的时间上吃亏,这是不以人的主观意志为转移的客观规律！如果当时阿基米德能精确地测出地球的重量的话,这位力学大师也许就不会轻吐如此的豪言了。

## 在月球上旅游

就当代的科学技术而言,登上月球,再也不需要借助于各种神奇的故事去幻想了,人们早已乘坐三级火箭到月球上观光过了。不过这也不是每个人都能如愿以偿的事。那么在月球上究竟会遇到哪些有趣的事呢?一个去过月球的人讲述了如下的故事。

我和小张乘宇航一号在月球着陆后,打开了舱门。在下面离我一米远的地方,有一片松软的火山灰,这是从没有人踏过的地方。

这时小张已经先我一步,把两只脚放下去。当他快着地时,他迟疑了一会儿,最后还是下决心踏上了月球这个神奇的世界。

我隔着座舱的玻璃外壳望着他,只见他走了几步,站了一会儿,向四面张望了一下,然后向前跳去,只见他一下子就跳出6~10米远。他站在一块岩石上向我打手势,可能还在大声叫我呢

——由于周围没有空气我听不到声音，可是他为什么总是跳着走呢？

因为莫名其妙，我也爬出了舱口，跳了下去。我觉得似乎是落在雪堆上。走了几步以后，我也开始跳了。

我觉得似乎在飞，很快就到了小张站着的那块岩石附近，抓住了岩石之后，我感到非常之恐慌。

小张弯着腰，用力向我喊着什么，可能是让我小心些。

我本来已经忘记了月球上的引力只有地球上的1/6，是我走路时的感受提醒了我。

我控制着自己的动作，小心翼翼地爬到了岩石的顶上，我好像患了风湿病那样，慢慢地走去，走到阳光下和小张靠在一起。

“你看”我转过身来对小张说。可是小张忽然不见了。我惊呆了，对这件意外的事情感到诧异。后来我想看看岩石外面的情形，就急忙向前走去。我所用的力如果还是在地球上，只能使我移动1米，但我在月球上却使我移动了6米。

我尝试到了一种只有在梦里才能有的飞翔的感觉，在落下来的时候，感到自己好像是落到了深渊一样。人在地球上往下落的时候，第1秒大约落下5米，可是在月球上，第1秒只能往下落80厘米。这就是为什么我能够很平缓地向下落9米的缘故。我似乎觉得这次降落得很慢，大约延续了3秒钟。我在空中飘着，像羽毛一样平稳地往下落，落到了那岩石嶙峋的山谷的底上，齐膝盖宛如没在雪堆里。

“小张!”我环视了四周，大声喊着。但是连小张的脚印都没有发现。

“小张!”我更高声地叫着。

突然，我看到了他，他站在离我大约20米的一个光秃秃的峭壁上，笑着向我做手势。我听不见他的话，可是我懂得他手势的含义:他叫我向他那里跳去。

我有些犹豫不决:我似乎觉得距离太远了一些。可是我立刻想到,小张能够跳到这么远的地方,我大概也能跳到那里去。

我就后退一步,用足气力往前跳。我像箭一样飞入了空中,似乎再也落不下来了。这是一次神秘的飞行,奇怪得好像在做梦一样,可是同时也使我感到非常之愉快。

我跳的时候似乎用力太大了,一下子就飞越过了小张的头顶。又飘了一阵,最后总算落地了。定睛环顾四周,是一片开阔地,如果不是火山灰太厚,是个很理想的运动场。我急忙向小张打招呼,然后小张也跳了过来。

我们坐下来休息,考虑下一步该做点什么事情。小张忽然灵机一动要利用这个场地打靶,我欣然同意他这个好主张。

"可是,火药在这里能不能起作用呢?"小张考虑到在月球上没有空气,犹豫地问道。

"爆炸物在真空里甚至比在空气里威力更大,因为空气只会限制火药爆炸开来;至于氧气,那它是不必要的,因为火药本身所含的氧已经足够了。"我按自己的理解作了解释。

"我们把枪口朝上放,以便子弹射出后可以在附近找到……"小张补充说。

一道火光,微弱的声音,地面微微有些颤动。

"枪塞哪里去了?它应当落在附近。"小张惊讶地问道。

"枪塞是随子弹一起飞出去的,它大概不会落在子弹的后面。因为在地球上有空气阻碍它跟着子弹一起飞走;而在这里,就是羽毛落下和飞向空中的速度,也和石头一样,你拿一片从羽绒服掏出来的羽毛,我拿一个小铁球。你能够像我用小铁球一样方便,用手里的羽毛击中一个靶子,甚至是离得很远的靶子。在这种重力很小的情况下,我能够把小球掷到400米远,你也能把羽毛

掷过同样的距离。固然你掷的羽毛是不会打坏任何东西的，因为它的质量太小，尽管它们的速度一样，但是它的动量太小，同时你也感觉不到你是在掷什么东西。我们两个力气差不多，让我们用全力把手里的东西掷向前方的那块花岗岩吧……”我发了一通议论后，注视着眼前的实验。结果羽毛好像被强烈的旋风刮着一样，略微赶在铁球的前面。

“可是这是怎么一回事呢?从开枪到现在已经有3分钟了，子弹还没有下来!”小张不解地问。

“大概再等两分钟，它一定会回来的。”我答道。

果然，两分钟以后，我们发现在不远的地方，有一颗刚落下的子弹，附近还有一个枪塞。

“这颗子弹飞出去的时间真长啊！它能升得多高呢?”

现在让我们来计算一下。如果子弹离枪口时的速度是每秒500米。那么，在地球上不考虑空气阻力的情况下，这颗子弹上升的高度是12.5公里。

而在月球上，重力只有地球上的1/6，因此，子弹在月球上能够飞到的高度是:

12.5公里×6 = 75公里

无怪乎我们需要耐心地等待这么长的时间哩!

## 漫话杂技里的平衡

看过杂技的人，无不为演员精湛的技艺所折服，尤其是高难度的平衡动作，更令人叹为观止。你看那表演顶椅子的演员，在他身下，一共放了七把椅子，而最下面的椅子的四条腿放在四个啤酒瓶口上，啤酒瓶放在一个高脚桌上，总有五六米高。这时另一个演员小心翼翼地撤去一个啤酒瓶，顿时一条椅子腿悬空，观众为之提心吊胆，很为演员的安全捏一把冷汗，然而演员却做着各种轻盈的动作，悠然自得。

竹竿节目更是惊人。女演员肩头扛着4.5米长、碗口粗的竹竿，竿顶缚有约2米长的短横梯。一个女演员爬上短梯的一端勾着双脚倒挂着，脖子上挂了一个绳圈，另一个演员把后仰的头套在绳圈里，变着花样，做出各种优美的动作。这时，弯曲的竹竿在不断地倾斜并激烈地晃动着，摇摇欲倒，万分惊险。但是演员们却喜笑盈盈，坦然自若。

走钢丝的人，手持横杆或花伞在钢丝上行走如飞，甚至翻筋斗，骑独轮车等，令人头晕目眩，赞叹不已。

诸如此类惊险的节目，数不胜数，除了演员娴熟的技巧之外，你可曾知道，还有奥妙的科学道理，这就是演员充分地运用了物体平衡的原理。

### 1.椅子顶为何不会倾倒?

杂技里的椅子顶，只有在稳定平衡下才能进行。人和椅子所构成的系统的支面，就是四只啤酒瓶所围成的面积。不论演员在顶部的椅子上怎样表演，只要系统的重力作用线通过支面，系统就能随时保持平衡。不过要做到这一点谈何容易。虽然都是稳定平衡，但是稳定的程度是不同的(简称稳度)。正如一块砖，平放、侧放和立放都属稳定平衡，但是三种位置的稳度是不同的。

怎样才能增大稳度呢?我们先来做个实验。把一支长蜡烛立在桌子上，稍一振动就会翻倒。如果把蜡烛粘在一块较大的木块上，就稳定多了。倘若再用一块更大的木板，蜡烛就会立得更稳。可见增加物体的支面，是提高稳度的有效措施。

把一个圆锥体，底面朝下就能稳稳地放在桌面上，如果朝上

就很难放稳,即便放稳,也是一碰便倒。由此可见,物体的稳度又和重心的高度有关。重心越高,稳度越小;重心越低,稳度越大。

我们再来看前面说过的椅子顶的难度究竟在哪里?当椅子一把又一把加高的时候,演员和椅子组成的系统的重心也随之升高,最后可达5米左右,这时的系统是稳度很小的稳定平衡。加上演员要表演各种动作,因此要使系统的重力作用线不超出支面,是很不容易的事。

撤去一只啤酒瓶,系统的支面几乎减少了一半,稳度更小了,这就难上加难。为此,演员必须把身体的重心移向撤去酒瓶的另一边,使系统的重力作用线落在三只酒瓶围成的支面里,才能保持系统平衡。在各种高难度的表演中,重心的位置瞬息万变,为了随时掌握平衡,演员不知洒下多少汗水和摔过多少跟斗,才能掌握这一娴熟的技艺哩。然而,功大不负有心人,有志者事竟成。

## 2. 杠杆的秘密

杠杆是一种什么平衡呢?如果竹竿长为4,5米,整个系统的重心大约在离底部为3米的地方。而竹竿底部的直径最多不过十几厘米,相对于重心的高度,这个支面是相当小的。整个系统,重心高、底面小,故头重脚轻,只要竿顶有五六厘米的偏离(这时偏离的顶角不到1°),系统便会失去平衡而倾倒。因此扛杆是一种不稳平衡。奇怪的是,扛杆并非一碰便倒,虽然摇摇晃晃,但却并没有歪倒,这是为什么呢?

秘诀就在于杠杆的支面是不断移动变化的。表演时,肩上扛着竹竿的演员,总是仰着头,密切地注视着竹竿的动向,凭着敏锐的感觉,用机智灵巧的动作,或左或右,或前或后移动着身体,随时调整竹竿支面的位置,使整个系统的重力作用线始终通过支面,保证系统平衡。

最扣人心弦的动作是，两个演员在横梯的右端表演，竹竿倾斜得几乎要倒下去了。然而，这种大角度的倾斜，正是系统平衡的需要。演员到了横梯的右端，系统的重心向右移动了。为了保持系统平衡，扛杆演员必须有意识地把支面也向右移，使重力作用线仍通过支面。所以观众为大角度倾斜而提心吊胆，而演员却若无其事地在表演。

你也许会想："杠杆难在系统的重心高，支面小的条件下，因为平衡不好掌握。要是竹竿短一些，重心低一些，就一定容易表演得多了。"

事实恰恰相反，短竹竿比长竹竿更难表演。这是由于平衡的稳度决定于哪一种更容易调整支面。比如你可以做一个顶铅笔和顶一根长二三米的竹竿的对比实验，就会有直接的体会了。由于竹竿的重心高，转动惯量大，从开始倾斜到倾倒所需的时间长，你就有比较充裕的时间来调整支面，使它保持平衡。而铅笔的重心低，倒下的时间短，要使它仍保持平衡就很难。由此可见，对于稳定平衡，重心太高是一个不利的条件；而对于不稳定平稳，它却又成为维持平衡的条件了。

### 3. 走钢丝绳比扛杆容易吗？

不少人认为，走钢丝绳不如扛杆难。殊不知，二者相比，前者的难度更大。

这是由于走钢丝绳演员的重心位置最高也不过1米左右。身体稍有倾斜，倒下的时间也就很短。因此及时调整重心的位置，使重力作用线始终通过支面是很难的。有人认为走钢丝绳容易，是把支面不能移动的平衡问题套用到支面可以移动的平衡问题中来了。

如果你有兴趣可以做一个“会走钢丝的小人”，而且它还是单腿走钢丝，比真人的技艺还要高超一筹。你可以用橡皮泥(比较粘的泥土也行)捏一个小人的身体、头和手，而腿用两条短木棍做成。为便于放到钢丝上，要站立的那条腿下面可以挖一个小槽。然后在小人的腰部斜插两根长10厘米以上的铁钉，使小人和铁钉组成的系统的重心落在小人脚底下面，这是成败的关键。

你把小泥人开槽的腿放到倾斜的绷紧的金属丝上，泥人就会沿着金属丝缓缓向前滑动 (如果滑不动，可以推它一下)。别看它颤颤巍巍的，却永远不会失足！小泥人“技艺”这样“高超”，秘密就在于它的重心落在金属丝(支点)的下面，是一种稳定平衡。倘若拔出两根铁钉，泥人就会失足落地，这是由于它的重心移到金属丝(支点)上面的缘故，变成不稳定平衡了。

## 物体的惯性

惯性的例子在日常生活中是不胜枚举的，比如飞快骑自行车的人，当他突然用前闸急刹车时，会连人带车向前翻滚，这是因为前轮虽已停止了运动，但是后轮和人由于惯性却要继续向前运动的结果。

惯性并不总跟人作对，它也不时地帮人们的忙。比如，司机为了节约燃料，在起步之后，便用适当的高速行驶。在停止之前可以提前关闭油门，让车辆利用惯性再跑一段路。斧头松动了，将斧把向下撞击硬物，由于斧把碰到硬物停止运动后，斧头由于惯性继续向下运动，就紧箍在斧把上。一些动物抖动身体，如驴打滚后便不断地摇动身体，以清除沾在身上的泥土。机器上安装笨重的飞轮，利用惯性起到储能作用。例如小型195柴油机上的飞轮用来克服工作中的死点。车轮上装飞轮，当车辆停下来时，转动的飞轮能储存车辆行驶时的能量，待车辆开动时再释放出来。

# 二、生活与机械运动

## 谁说得对？

有两个人对如下的问题展开了辩论。

甲；关于物体运动与否，要作具体分析，不能一概而论。例如：路旁的电线杆、街道两边的高楼大厦、跨越河流的桥梁、乃至屋里的桌、椅、各种橱柜等都是不动的，这是司空见惯的事实。

乙：诚然，你所列举的这些物体乍看起来是不动的，但是也不尽然。你可曾知道日出东方和夕阳西下吧，这是地球自西向东旋转的缘故，所谓“坐地日行八万里”就生动地描述了这一现象。它是说由于地球的自转，赤道上的物体一昼夜要随着地球通过八万里的路程，约每秒走460米，其他纬度上的物体每秒通过的路程要少些。即便是竖直立在北极上的杆子，一昼夜也要转动360度哩。

另外，你也许知道哥白尼的日心说吧，地球不但在自转，还绕着太阳公转，大约每秒钟要走30公里哪！正因如此，才有“巡天遥看一千河”的奇景。同时，太阳还带着它的家族——太阳系以250公里/秒的速度绕着银河系也在以惊人的速度运动着。如此说来，在广袤无垠的宇宙之中找不到一个绝对静止不动的物体。

再从微观上来看,你所说的那些静止不动的物体在漫长的岁月里也会逐渐解体崩溃的,这说明组成它们的分子和原子仍是在不停运动的。

甲:那么运动与否,如何判断呢?

乙:从唯物辩证法的观点来看,宇宙万物都是在不断运动变化着的。物体既是运动的,但又处于相对静止状态之中,这就是运动和静止的辩证统一。判断物体运动与否,关键在于选取什么样的参照物。如房屋,以地球作参照物,它是静止在地面上的,若以太阳作为参照物,则房屋是和地球一起运动的。这方面的知识我国唐代有首诗词作了很精彩的描述:“满眼风波多闪烁,看山恰是走来迎。仔细看山山不动,是船行。”当人选船为参照物时,从船上观察,自然是“看山恰是走来迎”了。但如果以山作为参照物,从山上看船,必然是“山不动,是船行。”这种把科学寓于诗词之中的真知灼见,至少比伽利略(1564~1642)提出的运动相对性原理要早七八百年。

甲:噢,是这么回事。既然地球是从西向东很快地旋转,那么当人脱离地球并悬在空中,待过一段时间再降落时,就一定不是回到原来的地方,而是落到西方很远的地方了。这样就可以免去长途跋涉的劳苦,做省力的长途旅行了。

乙:实际上这是不可能实现的,因为地球是带着它周围的一切物质(包括空气以及空气里的一切物体)一起转动的,当然升到空中的人也毫不例外。正像在飞驰的车厢中跳起后,最终还是落到原来的地方一样。如果地球旋转而其周围的大气层不动的话,这和相当地球不动,空气在地面上流动是一样的。其结果会形成高速的风,连飓风也为之逊色,例如上述假定如果成立,在北京上空的风速是350米/秒,而飓风的速度是40米/秒,这样恶劣的天气,恐怕会使地球上的生命荡然无存的。

另外,即便能升到没有空气的太空,这种便宜的旅行也是行不通的。因为当我们离开地球的时候,由于惯性作用,我们还是以地球的旋转速度在运动着,因此,再降落时只能回到原来的地方。

不过惯性运动是沿切线方向上的直线运动,而地球运动的轨道是曲线。然而在很短的时间里,这种区别是可以忽略的。

甲:你的这席谈话,使我懂了不少道理。

## 雨天穿过街道是跑还是走?

在下雨天,为了穿过街道,又没带雨具,往往被淋得很狼狈。这时总想少淋些雨,那么应该跑过去还是走过去呢?这是正在踌躇的人们所迫切思虑的问题,性急的人常常不管三七二十一,总想跑过去,这样虽然淋雨的时间短些,但有时事与愿违,会淋得更湿。到底怎么办才好,要根据具体情况作具体分析。

如果雨是直泻而下,可用上衣之类的衣物遮一下头部,以适当的速度穿街而过即可。这样过街比快跑所用时间虽长,但被淋湿的面积要小些。

如果雨是迎面而来,应当以尽快地速度跑过街道。这样淋雨面积虽大一些,却缩短了淋雨的时间。

倘若雨从背后袭来,这时奔跑的速度应该和雨在水平方向的分速度相同,即随雨一起过街。

旋转的陀螺何以能定向?

人们在儿童时期大概都喜爱玩陀螺,它在旋转时能神奇地保持着一定的不倒姿态。这是什么道理呢?

一只旋转的陀螺,如果在其两侧分别标上"A"和"B"的字样。

当你把陀螺的轴推向B侧时，就会使A侧的运动向上斜，B侧的运动向下斜，使这两部分都得到跟本身原来的运动成直角的侧动，因而在侧动方向引起两个分速度。但是这两个分速度和陀螺的旋转速度比较起来都很小，一个小速度和一个大速度所合成的速度和圆周运动的大速度相差不大，因此陀螺的运动几乎没有什么变化，这就是说，旋转的陀螺好像有一种抵抗把它推倒的力量。陀螺越重并且旋转得越快，这种抵抗作用就越强。从本质上来看，这种抵抗作用和惯性有直接关系。陀螺上的每一个点，都在跟轴相垂直的平面里做圆周运动。由于惯性，每一个点都力图使自己沿圆周的一条切线方向脱离圆周轨道。然而所有的切线和圆周轨道都处在同一个平面里，所以圆周上的每一个点在旋转时，都竭力使自己始终保留在和轴垂直的平面上。由此观之，在旋转的陀螺上，所有跟轴垂直的那些平面，或者跟所有这些平面垂直的轴，都极力维持自己在空间中的方位，这就是旋转的陀螺不倒的原因。

### 1.陀螺在现代科学技术中的应用

一切旋转的物体都具有这种性质，现代科学技术正广泛地利用着这种性质为人类服务。比如在飞机和轮船上装置的各种回转仪，像罗盘、稳定器等，其原理都在于此。另外，枪膛和炮膛里的来复线，使出膛的子弹和炮弹始终旋转着前进，由于稳定作用能确保击中预定的目标。人造卫星、，宇宙火箭和宇宙飞船等在飞行中也充分地利用这种稳定性。看来陀螺的应用已经远远超出玩具的价值了。

### 2.陀螺在魔术表演中的应用

再来看魔术师在做抛掷刀子、盘子、手帕、伞、帽子、空竹(扯

铃)等精彩的表演时,之所以能反复熟练地接住和抛出,是由于这些物体飞速旋转的缘故。这和陀螺的定向作用相仿。

### 3.能自动翻身的陀螺

还有一种陀螺能自动翻身,开始它的球面在地上旋转,它会很快地翻过来,然后立在柄上旋转,较重的粗头能克服重力升高,而且转动得很稳定。这是由于陀螺在粗糙的表面上旋转时,会受到摩擦力的阻碍作用,接触点处的摩擦力矩,使陀螺转动到能翻过身来的缘故。

### 4.怎样鉴别生蛋和熟蛋

在生活里鉴别生蛋和热蛋也是利用旋转的办法,熟蛋在旋转时能立起来,而生蛋却不能。因为熟蛋内的蛋黄和蛋清已凝固,质量的分布是对称的。然而生蛋的蛋黄和蛋清是液体,因为各部分的密度不同,故旋转时的角动量亦不相同并且阻碍着鸡蛋的旋转,因此生蛋很快便倒下来。

另一种鉴别方法是将蛋平放,使其旋转后用手指按住蛋再立即松手,熟蛋不再旋转,而生蛋由于里面的液体仍继续转动,待松开手后,生蛋又重新转动起来。

## 拐弯的学问

在日常生活里,拐弯是习以为常的事情,因此很不为人所注意,更不会有人专门去研究它,然而你可曾知道,当运动得很快的物体急转弯的时候,却并不显得那么轻松,甚至要出危险,发生车毁人亡的惨祸。这就提醒人们，拐弯并不简单，里面是有学问的。

拐弯就是物体的运动方向发生了变化，由直线运动变为曲线运动。最简单的曲线运动就是圆周运动，比如各种车轮上诸点的运动、钟表上指针的运动等都是圆周运动。而拐弯可以近似地看作是圆周运动。

任何做圆周运动的物体都要受到向心力的作用。例如，你在绳子的一端拴一个小球，让它在一块光滑的水平面上做圆周运动。这时你的手必须用力拉住绳子，这个拉力就是使小球做圆周运动所需要的向心力，一旦松手，向心力消失了，小球也就不再做圆周运动，而是由于惯性沿着圆周的切线方向飞出去。

那么，这个向心力究竟是从哪里来？在力学里介绍过重力、弹性力和摩擦力，向心力和上述三种力有什么关系呢？让我们以人跑步为例来说明吧。大家知道，人在直道上跑时，身体是直的，重力和地面的支持力互相抵消，合力为零，没有向心力的作用，但是在弯道上跑的时候，身体再保持挺直就一定不能绕过弯道，必须将身体向内倾斜才能顺利通过，这是为什么呢？

原来身体向内倾斜时，重力$G$和支持力$N$不在一条直线上，它们共同作用的结果(按力的合成法则)，产生了沿水平方向指向弯道内侧的合力$F$，这个合力就是人拐弯时所需要的向心力。根据向心力公式，跑的速度越大，弯道的半径越小，维持圆周运动所需要的向心力就越大，因此身体向内侧倾斜便越甚。比如滑冰运动员的速度比较快，因此在拐弯时身体倾斜得也就越厉害。

大家看飞车走壁的杂技节目，摩托车沿着圆台形陡峭的墙壁风驰电掣般地旋转着，人和车身倾斜得几乎保持水平姿态，观众为之目瞪口呆，提心吊胆，很担心连人带车滚落下来。人们哪里知道，这种吓人的倾斜正是为了产生足够大的向心力的应急措施，从而保证了人和车的安全。在这里，飞车运动员做圆周运动

所需要的向心力，就是重力$G$、墙壁的支持力$N$(弹性力)和车轮跟墙壁之间的滑动摩擦力$f$这三种力共同合成的结果。由此可见，向心力并不是一种新力，在力学中它只不过是重力、弹性力，摩擦力中的一种或几种所合成的合力而已。

## 魔术秋千

在有些娱乐园里，为了满足人们的好奇心，制造了一种像魔术似的游戏——魔术秋千，游戏过程是这样的：

“在离地面很高的地方，有一根很坚固的横贯屋子的梁，梁上挂着秋千。大家坐定之后，工作人员就关上门，撤去进屋子的跳板。然后他宣布，马上要让游客做一次空中旅行。接着他就轻轻地推动秋千，并像驾马车似的坐在后面，或者干脆走出这间屋子。

此时，秋千摆动的幅度越来越大，看来就要荡得同横梁一样高了。秋千越荡越高，最后绕着横梁转了一周。运动越来越快了，这些荡秋千的人尽管知道是怎么回事，却似乎觉得自己在飞快地旋转着，有时候自己的头好像在倒挂着，因此就本能地抓着坐椅的扶手。

事实上，这秋千始终挂在那里，一动也不动。而这间屋子在一种简单机器的帮助下，绕着水平轴在游客周围转动着。屋子里的各种家具，都是固定在地板上或墙壁上的。那个有大灯罩的电灯看来好象很容易掉下来，其实也是焊在支架上的。管理秋千的人好象在轻轻地推动过秋千，使它荡起来，而实际上是屋子轻轻地摆动了一下而已，他只是做了一个推动的样子。所有这一切都使大家产生了一种错觉，是相对运动的现象把荡秋千的游客捉弄了一番罢了。然而你明白了这个道理之后，再去玩魔术秋千，还是要受欺骗的,错觉的力量可谓大矣!

伽利略曾科学地证明太阳是不动的,是地球在绕着太阳旋转。在这里你如果为了揭示魔术秋千的秘密却说:我们是不动的,是整个屋子在围着我们转。当时伽利略被大家看做是一个睁着眼说瞎话的人……,那么大家将如何看待你呢?

忠于科学的人应该用事实戳穿假象,弘扬真理。在这里只要用一只弹簧秤,就能说明究竟是秋千动还是屋子动。如果用弹簧秤称1千克重的物体,当秤的指针始终不动时,这就说明秋千是不动的。当秤的指针位置变化时,则反映秋千是动的。如同前面已经指出的,当物体和弹簧秆随同秋千做圆周运动时,要提供向心力才行。根据计算,在圆轨道的下半圈的各点上,会使物体的"重量"增加;而在上半圈的各点上,又会使物体的"重量"减轻,这样弹簧秤的示数就在时刻发生或增或减的变化。既然在秋千里没有看到这种现象,这就证实确是屋子在转,不是我们坐的秋千转了。

## 奇妙的魔球

在前面的游戏里是不动的游客所产生的错觉,如果游客所乘坐的座舱是动的,又能看到什么现象呢?那我们就一齐乘坐一下魔球,领略一下它的奇妙的幻觉吧,这如同一场神奇的梦。

为了说明在魔球里的感觉,先讨论一下人在旋转平台上的情形。由于旋转运动,在平台上的人,受着沿半径向外的惯性离心力(这个力实际上并不存在,在此为说明问题是想象出来的一种力)和重力作用,其合力的方向是斜向下的,所以人有一种倾斜的感觉。平台转得越快,这种合成运动就越强烈,也就倾斜得越厉

害。

如果旋转着的平台是一个曲面——抛物面的话，它的表面在一定的速度下处处都跟合力垂直，那么站在平台上所有位置的人，都会觉得自己仿佛是站在水平的平面上，有趣的是把装着水的玻璃杯，绕着一个竖直轴很快地旋转，杯里的水便呈现这种抛物面。如果用融化了的蜡代替水，不停地旋转杯子，待蜡完全凝固后的表面便是很精确的抛物面。当抛物面旋转起来之后，放在它上面任意位置的小球，都会像位于水平面那样停在那里，不会滚落下来。

明白了物体在旋转抛物面里所保持的状态，就很容易理解人在魔球里所发生的情形了。

魔球的底是一个很大的可以旋转的台，台的内表面是一个抛物面，台的下面是转动机构，能使台稳定的旋转，为了不使人头晕，便在台的外面罩一个不透明的大玻璃球，并使它跟台同步旋转。这样台里的人就感觉不出自己在运动，从而消除了晕眩之感。

当魔球转动起来后，你总会觉得不管走到哪里，都像如履平地，你脚下的台面都成了水平的。如果你从台的这一边走向台的那一边，你就似乎觉得整个球好像跟一个肥皂泡那样轻，随着你身体的挪动，你向哪一边移，它就向哪一边倒，使你觉得不管站在什么位置，你脚下的台面总是水平的。而斜着站在台面上的其他人，却奇妙得能紧贴在墙上走。

如果把水泼在这个球的地面上，水就会沿着球的曲面散开来，铺成薄薄的一层。在球里的人发现这里的人宛如是站在自己面前的一堵斜墙。这是多么神奇的童话世界，在这里重力的表现似乎失效了。

在空中作高速盘旋的飞行员也会有同样的感觉。如果他用每小时200公里的速度沿着一个半径为500米的圆轨道飞行，那么他一定似乎觉得地面倾斜了，变成16°的斜坡。

# 三、生活与功和机械能

## 肩挑背负是"劳而无功"吗?

大家都见过挑菜进城的农民,他们吃力地走着,累得汗流浃背;也见过上山打柴人;或是搬家,向楼上运送重物时步履艰辛的情景,也往往气喘吁吁,累得够呛。你可曾知道,从某种意义来讲,他们并未做功,也就是说"劳而无功",你也许会困惑不解地说:这岂不冤枉煞人?这里面的蹊跷何在呢?

原来科学技术上的功,是有严格规定的,这在物理学里有明确的涵义。上面所说的肩挑背负只是日常生活中所说的劳动或工作,物理学里规定的功来源于实践中的劳动或工作,但并不等同于它们。

物理学中的功包含两方面的因素:一个是力,另一个是距离(或路程)。只有当物体在力的作用下,并且沿力的方向移动了一段距离,才叫做力对物体做了功(或说某物体对这个物体做了功)。比如说,我们用力提起水桶,人对水桶施加向上的力,并使水桶上升了一定高度。因此,可以说人对水桶做了功。

功的两个因素缺一不可。比如人提着水桶不动,尽管人给水桶施加向上的力,但水桶并未在力的方向上移动距离,因此人并未对水桶做功。再如，在平路上挑东西的人，虽然付出很大的力气，但是力是垂直向上的，而挑东西的人走的路程却是沿水平方向的。显然，按功的定义，人确实没有做功。不过应注意的是，我们在这里只假定人挑东西只沿水平方向移动。但是，实际上在肩挑背负的过程中，物体在竖直和水平方向上分别有力的作用，并且在力的方向上总是有运动的。因此，确切地说人对物体还是做了功，只不过做功很小而已，在一般情况下忽略不计。所以说，肩挑背负是劳而少功更确切些。然而一般地说肩挑背负是"劳而无功"还是有其特定含义的，正如古语云："顶着石臼做戏，费力不讨好"。

## 势　能

当你搬石头或砖头不小心掉在脚上时，就会疼痛难忍，甚至嗷嗷直叫，什么原因呢?这是由于落在脚上的重物对脚做功的结果，说明处在高处的物体具有某种形式的能量。

在建筑工地上，工人用夯砸实地面。从高处落下的石头，能把地面砸个坑，这也是石头对地面做功的结果，因此高处的石头也具有能量。

总之，物体由于和地球的相对位置发生变化而具有的能量，叫做重力势能。重力势能$E_{势}$可以表示为：

$$E_{势}=mgh$$

其中$m$为物体的质量，g为重力加速度，$h$表物体至地面的高度。

在生产和生活实践中重力势能的应用是相当广泛的。比如水力发电，就是利用水的重力势能。李白有句名诗叫做"君不见，

黄河之水天上来，奔流到海不复回。”由于黄河发源地的地势很高，具有很大的重力势能，有汹涌澎湃之势，任何险阻也奈何不得。人们因势利导，在上游筑起拦河坝，按上水轮机，让水的重力势能转化成动能，推动水轮机旋转，就可以使发电机发出强大的廉价电流。三门峡发电站便是其中的一座。

当人们骑自行车顺坡而下时，不用踩脚蹬子，车轮也能飞快地旋转，这也是利用自行车和人身体的重力势能转化成动能的结果。

势能还有另外一种形式，它也有广泛而重要的应用。比如，无论是挂钟、闹钟还是手表，总是日日夜夜，成年累月，滴滴嗒嗒地走个不停。它们之所以不停地做功，秘密就在于钟表里有一根发条，俗称弦。一般钟表每昼夜要上一次弦，就是把发条旋紧，从而把能量贮存起来，发条慢慢变松，贮存的能量也被慢慢地释放出来，以克服钟表机件的阻力做功。

发条的能量是发条变形而产生的。物体由于各部分之间发生变形而具有的能量，叫做弹性势能。实验证明，物体的弹性势能和它的伸缩长度的平方成正比，写成公式就是：

$$E_{弹}=\frac{1}{2}Kx^2$$

其中$K$是弹性材料的劲度系数，$x$ 是弹性体的伸缩长度。

不但固体变形有弹性势能，气体被压缩时也有弹性势能。比如汽车、火车上的空气刹车，采煤和挖沟时用的风镐等，都是利用压缩空气的弹性势能来做功的。

综上所述，重力势能和弹性势能统称势能，动能和势能之和又称为机械能。我们经常和机械能打交道，只有正确地理解它的含义，才能恰当地运用它来分析和解决实际问题。

# 熊"自杀"之谜

一只熊看到树上有一个蜂房，就顺着树干爬上去。半路上遇到一段悬木挡住去路。熊嫌碍事，用力把悬木推开了，不料悬木又马上摆了回来，熊还未来得及爬就被打了一下。这一来可把熊激怒了，它又使劲地把悬木推了一下，结果摆回来的悬木又重重地打了熊一下。熊狂怒地向外推开悬木，可是它推得越用力，悬木摆得越高，摆回来时熊被打得越重。就这样熊被折腾得筋疲力尽，最后实在支持不住了，不得已从树上摔下来，跌在事先布置好的尖尖的木桩上，被戳死了。

在熊自杀的过程中，先是熊利用自身肌肉伸缩的势能变成动能，使悬木升高；悬木升高时又把动能变成势能，然后势能又转变成动能，悬木的动能又消耗在它打熊做功的过程中。

再者，熊爬树是把肌肉收缩产生的弹性势能变成动能，升高后继而又变成重力势能。再掉下来戳死在木桩上，又是重力势能变成动能，然后消耗了动能，使熊克服本身和木桩的阻力而做功，从而使木桩深深地扎进了熊的体内一命呜呼。在这过程中，动能和势能发生了多次转化，这就是机械能的转化。

# 四、流体的性质

## 有孔的降落伞

降落伞的中央有孔吗?若真有孔,不是和降落伞的原理相悖吗?说也奇怪,有一些降落伞,尤其是常规伞兵部队的降落伞,它们的中央往往有一个孔。

这是因为,当空气通过无空的降落伞的外侧边沿时,会散发出一些涡旋。由于散发涡旋的过程是从一侧到另一侧交替进行的,又由于每个涡旋都使气压减小,致使伞起初在一侧受到较低的气压,以后又在另一侧受到较低的气压,这种低压的交替过程使降落伞发生摆动。如果振动的频率接近降落伞和它的负载的固有频率,就要发生共振,它的摆角可能达到60°。如果在降落伞的中央开孔,就能使空气继续顺着降落伞的中央轴线流动,因而破坏了顶部前涡旋,这样就减少了摆动,可使降落伞平稳地落地。

## 栅栏能防雪吗?

从某些材料上可以看到,为了防止雪飘移到附近的公路、铁轨或人行道上，往往可筑一道防雪栅栏，而不是筑一道挡雪墙。这样做有什么好处呢？

一堵实墙对飞雪会产生强烈的涡旋，同时风在高墙前面几十米或数百米处就开始散开，这样就使飞雪过早地转向，很难把雪收拢在墙附近，这就失去了防雪的作用。而栅栏产生的涡旋比较平缓，另外使风的转向作用也很小。如果在这些栅栏产生的涡旋之中，空气的速度小于使雪悬浮所需要的速度，那么雪就会沉积在这道栅栏的下风处。

## 为什么高尔夫球的表面不光滑？

早期的高尔夫球的表面都是光滑的。后来偶尔发现一些有疤斑的球比光滑的球行程远。这引起了人们的注意，因此以后在制作时就在表面制成许多凹斑。难道表面光滑的球所受的空气阻力不应该更小吗？为什么其行程反倒近？原来作用在球上的空气阻力来自两个因素：球前后两边之间的压强差和空气与球面之间的摩擦力。对于光滑的球面来说，球上的空气边界层尚未到达球的后部就分离了。过早的分离使空气产生一些涡旋，因而使球后部的压强小于前部的压强，这种压强差使球减速。对于粗糙的表面它延长了边界层的分离，结果，球后部的压强减小得比较少，由于前后之间的压强差较小，因而压强差所造成的阻力也较小。所以，表面有斑痕的高尔夫球的行程较远。

## 鸟是怎样飞行的？

鸟儿有时伸展着翅膀，自由自在地，长时间地在空中盘旋、翱

翔。有时又忽上、忽下地扑动着它的翅膀很快地向前飞驰着。鸟在空中能获得升力,当然要靠和机翼外形相似的翅膀,这个道理我们将在“飞机是怎样获得升力的?”这一节中专门讲一下。至于能向前飞行,也许是借助于不断地向后又向下扑动的翅膀而推动鸟前进吧。然而,事实并非如此。从慢动作的电影镜头中可以见到鸟的翅膀在下压的同时是向前而不是向后扑动的,上面的解释就讲不通了。还是古希腊的伊卡洛斯神话给我们提供了最好的启迪。伊卡洛斯飞得太接近太阳了,以至于粘在他两臂上的羽毛完全融化了,于是他坠海而死。由此我们推测鸟的飞行是否也得靠羽毛呢?拔掉了羽毛的鸟还能向前飞行吗?通过研究发现,当鸟拍动翅膀使自己飞行时,推动力并不是把空气推向后方造成的,而是由于羽毛在空中旋转,这宛如螺旋桨的作用。拔掉了羽毛的鸟也许能翱翔,但它不可能推动自己向前飞行。

## 风　筝

风筝是中国古代发明的与竹蜻蜓一样闻名于世界的最古老的“飞行器”。风筝的飞行原理与现代的固定翼飞机基本相同,均是依靠自身的升力面产生升力,克服重力,实现飞行。

在风和日丽的春天,我国从南到北,从东到西的城乡空旷地带,不时地看到人们竞相地放风筝,男女老幼,人人皆宜,既锻炼了身体,又陶冶了情操。但是,风筝何以能保持在空中?哪种类型更稳定些?为什么有些风筝有尾巴?

在放飞风筝的时候,需要高举风筝,逆风进行助跑,然后放飞,这是因为风筝与飞机一样,都需要一个最小起飞速度(风筝与风速之间的相对速度),高于这个速度,风筝所获得的升力才足够大，才能有足够的克服自身重力的升力。根据升力产生的原理，在低速状态下，速度越高，升力面面积越大，所产生的升力越大，但同样也会带来阻力升高的后果。固定翼飞机主要依靠发动里产生的推力（拉力）来克服阻力，而风筝则依靠人力来拉动风筝线克服空气阻力。

有经验的人放风筝的时候，在风筝飞行过程中，会抖动手中的风筝线，不断地拉扯风筝，使其前后摆动。这实际上是在迫使风筝在做有规律的非定常俯仰运动，从而使得风筝获得非定常的升力。由于风筝在飞行中迎角（风筝纵轴线与风向之间的角度）较大，存在于风筝上表面的涡既不稳定，很容易发生分离或脱落，如果迫使风筝作俯仰运动，将使得涡稳定的存在或推迟涡的脱落，从而获得更大的升力。这样，采用这种方法会使得风筝越飞越高。

一般风筝的尾部都会加配重，这是为了平衡升力中心与重心之间的位置，防止因为风筝迎角过大，发生过失速现象或发生翻滚。

## 飞机是怎样获得升力的？

“飞机是怎样获得升力的?”这是一个众人皆知的老物理问题，而标准答案总要涉及伯努利原理。但这个原理是唯一的主要的因素吗?

标准论据的关键是在机翼上方和下方运动的两股气流必须在相同的时间内越过机翼，机翼上方的空气通过的行程较长，于是气流运动就快些。根据伯努利原理，机翼下方的空气压强较大，因此产生了升力。事实上，气流通过机翼上方和下方的时间

是不相同的。那么，机翼的升力应如何说明才好？

在各种资料和文献中，对能否运用伯努利原理来计算这个升力的问题讲得不总是很清楚的。伯努利原理是气流中沿流线方向能量守恒(这里指的是压强和动能)的一种论述。因为机翼周围的气流受到机翼附着力和粘滞性的影响，两者都对空气做功，即外力对气流做功。因此，伯努利原理本来是不能直接应用的。然而，如果考虑到附着力和粘滞性是由通过机翼的无旋气流加上空气的环流(在贴近机翼的下方向前，在上方向后)所产生的，那么伯努利原理就可以应用了。这是由于一旦我们加上了空气环流就不再需要包括外力对气流所做的功的缘故。

在库塔和焦可斯基关于升力的研究中，使用了这种迭加的环流。在机翼的上方，环流的速度迭加到经机翼的无旋气流速度上，便得到一个较大的速度，在机翼的下方，环流速度与无旋气流速度反向，因而速度较慢。应用伯努利原理，机翼上方的压强小于下方，这样便产生了指向机翼上方的压强差，即对机翼产生了升力。从无旋气流和空气环流迭加的观点，可以微妙地解释了机翼的升力问题。

按库塔和焦可斯基的理论，作用于机翼上的实际升力是通过确定气流中的动量变化来计算的，这种动量变化是由迭加的环流引起气流偏转所致。根据牛顿第三定律，使气流向下偏转所需要的力等于作用在机翼上的升力。

## 奇特的弗莱特纳船

1925年，一艘与众不同的船靠两根竖直而旋转的大圆柱体作动力横渡了大西洋。想想看，这两根旋转的圆柱体是怎样驱动船只前进的？

在一种较为时新的应用中，美国国家航空和宇宙航行局又运用相同的原理，在一架飞机的机翼上加了一个水平方向旋转的圆柱体。这类圆柱体又是怎样给飞机提供升力的？

当风吹过圆柱体时，根据和机翼的升力相仿的道理，由于空气环流和通过圆柱体的无旋气流迭加的结果，圆柱体便受到发生偏转的水平力(马格纳斯效应)作用，当船的取向适当时，就可使船在水中航行了。

## 能悬浮的球

### 1.悬浮在气流中的球

我们让真空吸尘器中的空气反向流动，然后使一只水球在喷出来的气流中保持平衡，而且非常稳定，即便把空气射流调整到某一适当角度，仍可以使球停留在一个固定的位置上。即使重重地敲击一下也不能使球离开空气射流。球为何会如此地稳定呢？要说明这个问题是比较麻烦的事。由于空气射流通过水球时，使空气射流发生偏转，偏转的气流带动着水球转动。和机翼的升力相仿的道理，偏转气流经过旋转的水球时既受到球的附着作用又受到粘滞作用，这样在旋转着的球的带动下，又形成与球旋转方向相同的空气环流。偏转气流和空气环流互相迭加的结果，使空气环流与偏转气流的流向相反的球的下方减少了气流的动能，即两个速度彼此相反因而得到较小的速率；空气环流与偏转气流同向的球的上方则增加了气流的动能，因而增加了气流的速率。根据伯努利原理，由于偏转气流和空气环流对球的作用结果，便产

生了压强差,即球的下方压强大于球的上方压强,使球得以反抗重力而不下落。这种使旋转的球产生偏转的力称为马格纳斯效应。这种现象也易于作出错误解释,就是把升力只看作是空气射流中的压强减少而造成的,并没有考虑空气环流的作用,这样的结论同样是对伯努利原理的错误应用。事实上,空气射流中的压强恰好等于大气压强。

### 2. 在管中循环的球

有一种玩具叫做"吹一口气的走动游戏",也是应用了悬浮这一诀窍。向一根细支管内吹气,便可以使一个小球处于悬浮平衡状态。再用力吹一口长长的气,球就被吹起,直到进入管子的顶端,并由此很快地穿过U形管回到原来的位置。这种游戏是以吹一口气可以使球沿这条路线循环多少次来记分的。是什么力使悬浮的小球保持稳定?又是什么力促使小球进入管子的顶端?在这里小球是靠作用在它底面上的气流压力悬浮起来的,并且根据伯努利原理而保持稳定。至于小球受什么力的作用能进入管子的顶端,这是由于当气流由支管吹入玩具中后就会带动管子内部的空气,因而引起从上端开孔流到下端开孔的气流。球能越过上端开孔纯粹是由于球被气流吸进管子中去的缘故。

### 3. 悬浮在水流中的球

现在再介绍一种球在水射流中平衡的例子。这样的装置在公园里或风景区的喷泉中经常见到。球在水射流中偶尔可以稳住几秒钟,但通常是左右摇晃和上下跳动的。有时球会跳出射流外,但在球下落过程中,它又重新回到射流中。想想看,这是什么原因?

在这里水的冲力可以托住球,也可使球暂时保持稳定。但是水流本身是不稳定的。在不稳水流的冲击下,球经常离开中心,而水流的冲力迫使它按某一方向旋转。粘附在球表面上的那部分水被带着旋转,例如旋转半周后被甩掉。当水离开时,水对球有反作用力,将球反推回水中,因而使球保持在水射流中。即使球离开了水射流,一些水在下半周仍然会被甩掉,结果又使球回到射流中。

### 4.水流能把鸡蛋吸起

打开水龙头,让水倾注在浮在一杯水中的鸡蛋上。当水流的速度超过某一临界值时,蛋就会升起,仿佛向下的水流会吸引鸡蛋似的,这又是什么原因呢?

如果水流的速率超过某一临界值,在鸡蛋上方形成湍流。这样蛋上方的水流便产生了涡旋,会使这儿的压强小于蛋下方的压强,于是出现了向上的压力。当这压力差足以克服鸡蛋的重量时,鸡蛋便被吸了起来。这个有趣的实验,你最好动手验证一下。

### 5.水流能把汤匙粘住吗?

拿一把轻巧的汤匙,放入水流中,其突的曲面朝上,汤匙似乎被水流粘住了。你可以试图把汤匙调整到适当的角度,使它有离开水流的趋势。但是汤匙仍然拒绝离开水流。按理说,下落的水流理应把汤匙推开而不是吸引它。出现这种现象是什么道理呢?这种现象可以这样说明,靠近汤匙的水流边界层由于产生狭窄的涡流而使压强降低。汤匙的另一面是大气压强,压强差指向水流,于是汤匙顶着水流而被托着,这种现象称为康达效应。

## 旗的拍动

旗帜迎风招展,随风拍动是很壮观的。为什么风,甚至是风速不变的风,吹动旗帜会使它产生拍动?假如旗帜完全光滑并且能在风中完全展开时,如果在旗的一侧出现一个微小的扰动,这是完全可能发生的事。那么,它就迫使空气稍向外移以便越过这个波纹,气流越过波纹时必须加速,流动较快的空气其压强就小。于是,在旗的两侧使出现不同的气压(气流越过波纹的那一侧气压小,而另一侧气压正常,因此导致波纹增大。波纹还在旗上沿风的方向移动,最后就产生了旗帜的拍动现象。

## 沿经度的沙丘街

在高空飞行的飞机上俯视沙漠上的沙丘时,人们可以见到"一些使人难以理解的又窄又长的沙丘带,它们几乎成直线大致南北走向地穿越沙漠",仿佛是经过精心设计的一些互相平行的街道。沙丘带现象实际上是世界上每个大沙漠所具有的特征,它们大致都是南北走向的,其间距约为1至3公里。

撒落在湖面上的树叶和海面上的海藻,虽然规模较小,但也都聚集成一行一行的,行间距离约100至200米,长度可达500米。

在上述的这些例子中,行或带的走向是由什么因素决定的?要是由风来决定的话,那么行或带的走向是与风向平行的还是垂直的?它们之间的间距又是由什么决定的?

沙丘街的成因是由于在空气中形成了水平方向的涡旋行(旋转轴在水平方向并且与风向相同的一行行涡旋)所造成的。在相邻两行之间气流上升的区域,沙粒就聚集成沙丘街。在相邻两行之间气流下降的区域,就没有沙丘。因为世界上所有的沙漠上空,风向以南风或北风为主,所以沙丘街都是南北走向的。

在海面上也有许多类似的排列,这是由于在贴近海面的水层中有许多类似的涡旋行。在相邻的两行之间水流下降的区域,海藻等物质就会聚集起来。而在相邻两行之间水流上升的区域,相应的物质就不出现。尽管人们确实地证明了这些涡旋行与风向和风的强度有关,但涡旋形成的真正机制目前尚不清楚。

## 涡　流

有许多日常物理现象,错综复杂,绝不是用物理学上的简单的原理所能解释清楚的。比如在有风天气里的海洋上的波浪,以及轮船在航行的时候,从船头散向平静的水里的波浪。旗在刮风时为何哗啦哗啦地飘得那么急?海岸边上的细沙为什么排列得像波浪一样呢?从工厂的烟囱里冒出来的烟为什么会成一团一团的呢?

要懂得这些以及其他类似的现象,必须懂得液体和气体的涡流的特点。下面介绍一下关于涡流现象及其特点,设想在管子里流着一种液体,假设液体里的所有微粒在管子里都是顺着一些平行线平静地前进着,这样一种最简单的液体运动在物理学里叫做“片流”运动。这是一种理想的液体的运动,一般是不易见到的。

液体常见的运动叫做涡流,即液体在管道里并不沿直线流动,而是呈许多旋涡状从管壁流向管轴,这种运动叫做湍流。比如自来水管里的水就是这样流动的(细水管除外,细管里的水是片流的)。一种液体在一定粗细的管子里的流动速度达到一定大

小的时候,即达到所谓临界速度的时候,总会有涡流发生的。

如果让一种透明液体流过一根玻璃管,在液体里放一种非常轻的粉末,例如石松子粉,我们就能看到管内的液体发生涡流的情况。这时候可以清楚地看到从管壁向管轴行进的涡流。

涡流的这种特点,被利用在制造冷藏器和冷却器的技术上。在管壁冷却的管子里,有涡流的液体一定会使所有液体接触冷却壁比没有涡流的液体快。还应注意的是,液体本身是热的不良导体,若不去搅拌它们,它们冷却或增加温度都非常之慢。血液和它所流过的各个组织之间所以能够那样快地交换热和物质,也就是因为血在血管里的流动不是片流而是涡流的缘故。

上面对管子所说的一切,同样能适用在露天的水沟和河床上,在它们里面的水也是涡流前进的。在精确测量河流速度时,仪器会出现一种脉动现象,特别是靠近河底的地方,脉动现象表明水流在经常改变方向,即呈现涡流。河水不但沿着河床前进,同时还要从河岸流向河中央。因此说河水深处水的温度一年四季都保持+4℃,这种说法是不正确的。因为在靠近河底的地方流动着的水的温度,总是在被搅和着,跟河面上的一样(湖里的情况就另当别论,因为那里的水是静止的)。

在河底附近形成的涡流会带动轻沙,使河底出现沙“波”。同样的沙波也可以在波浪所能淹到的海边沙岸上看到。如果靠近水底的水流是平静的,那么海底的沙面就会是平滑的了。

这样说来,在被水冲过的物体的表面附近是会出现涡流的。关于这一点,可以拿顺着流水放的绳索会曲折成蛇形这样的例子来说明(把绳的一头系住,另一头让它自由漂在流水里)。这是什么道理呢?原来,在绳的某一段附近出现涡流的时候,这一段绳就会被涡流带过去,可是过一会儿,另一个涡流又使这一段绳发生相反的运动。结果,绳受涡流不断的作用,就弯曲成蛇形了。

上面我们谈了水里的涡流,空气里能否产生涡流呢?大家经常见到过旋风从地面上卷起尘土、杂草等轻小物钵,这就是沿地面出现了空气涡流的缘故。当空气沿着水面运动时,在出现空气涡流形成旋风的地方,由于空气压力已经降低,水也就会升高起来,形成波浪。在沙漠里和沙丘的斜坡上产生的沙波,也是出于同样的原因。

若你从上面懂得了绳在流水里曲折的情况,也就不难明白旗为什么能在风里飘扬了。同样,由于炉子里的气体流过烟囱时也是作着涡流运动的,所以从工厂里的烟囱冒出来的烟是一团一团的。在烟离开烟囱以后,由于惯性关系,这种运动还要继续一些时候。

空气的涡流运动对于飞行也有很大的作用。飞机的机翼具有特殊的形状(我们已在前面提到了),使机翼上面的涡流作用被加强了,形成了低压区,结果机翼的下面受到向上的托力(机翼上、下两面的压力差)。鸟类展开翅膀飞翔的时候,也有类似的现象。

在多风季节,屋顶容易被狂风掀翻。这是由于空气的涡流在屋顶上方造成了一个空气稀薄的低压区域。屋顶下面的空气为了要平衡这个压力,就向上顶,结果就把房屋的盖子掀起来,酿成了悲剧。由于同样的原因,大的窗玻璃在刮风的时候会从里向外被压碎,这种现象若用流动着的空气里压力减小的道理来解释(伯努利原理),会更简单些。

当温度和湿度都不相同的两个气团彼此贴着流过的时候,每一个气团里都会发生涡流,也大半是这个原因,因此在天空中便出现了奇形怪状、变幻莫测的云。

## 沉船的位置应该在哪儿？

有一种流行的说法，甚至在海员当中也这样流传着，说是船在海洋里沉没时不会沉到海底，而是不动地悬浮在深海的某些地方。在那里，海水“由于上面各层水的压力的关系而变得密度相当的大了”。

这种说法，甚至连《海底两万里》的作者儒勒·凡尔纳也表示同意。在这本小说的一章里，他描写了一只沉没了的船不动地悬浮在水里；在另一章里，他又提到一些“破船悬浮在水里”。

持这种见解是否正确呢?看来似乎有些根据。因为海水的压力在深海里的确可以达到很大的程度。比如，沉在10米深处的物体，每平方厘米所受到的水的压力只有1公斤。而在20米深处，这个压力已经是2公斤。在100米深处高达10公斤。在1000米处竟然是100公斤。海洋里有许多地方，深度可达数千米之多；大洋里的最深处(太平洋中马里亚纳群岛附近的深海)，有时竟达11千米以上。不难算出，在这些极深的海洋里水和沉在水里的物体所受到的压力有多大了。深海里的水在偌大的压力之下，能被压得相当密集，即使重物到了那里也不能再往下沉，像秤砣在水银里不能下沉一样。

然而这一类见解其实是一点根据都没有的。实验告诉我们，水同一切普通液体一样，也是不容易压缩的。1平方厘米的水受到1公斤压力的时候，它的体积只能缩小1/22000，以后每增加1公斤的压力，大致也只能再缩小这么些。假如我们想把水压得这样密实，使铁到了里面也沉不下去，那就得把水的密度增大到原来的8倍。可是要把水的密度增大一倍，也就是说把水的体积缩小一半，就得对每一平方厘米的水上加上11000公斤的压力(假定水在这样大的压力下压缩率也是这么大的话)。可是这样大的压力只有在海面下110公里的地方才有!

由此我们可以明白,要使深海里水的密度明显地改变,那是完全不可能的事。在海洋的最深处,水的密度也只是增大了1100/22000,也就是说,比正常海水的密度大1/20或5%。这对各种物体在那里的沉浮条件,几乎没有什么影响。何况浸在这里的固体也要受到这种压力,因而也会变得密实些。

所以沉没的船只会一直沉到海底,应该是确信无疑的了。正如约翰·牟莱所说:“凡是在一杯水里能够沉的一切东西,到了最深的海洋里,也应当一直沉到底。”

## 液体压力的妙用

有一名聪慧的荷兰少年发现海岸的堤坝上有一个小洞,他灵机一动,于是用他的手指伸进洞里并紧紧地堵住了它,从而保住了这座城池,使它免遭厄运。这位少年为全城人民立下了丰功伟绩,受到了全城人民的颂扬。人们以为这位少年能堵住整个海洋的水,一定是位膂力过人的大力士。其实作用在男孩手指上的压力仅取决于海水的密度和洞口离海平面的高度,而与整个海洋的大小无关。

你一定测过血压吧,医生在测试时,常把你的手臂放到同你的心脏一样高的位置上,这是为何?显然是有道理的,测量血压同做其他测量相仿,得有个标准。由于血液是从心脏流出的,所以最好以心脏作为基准。如果以足踝为基准,为了测从心脏流出的血液的压力,必须要考虑不同人的心脏的位置,即血液的读数要与被测者的身高有关,这样测出的结果,就很难说明问题了。

了解巴拿马运河的人一定对这条运河的船闸感兴趣。尤其是每一艘轮船在通过运河的最后一道船闸时,都必须耐心地等耐着水面慢慢地降低。排出了足量的水后,管理人员便操纵机器使闸门慢慢地向海洋打开,然后轮船开始向海面移动,它既不靠拖轮的帮助也不靠本身的动力,那么它是靠什么动力前进的呢?原来闸门的内侧是湖泊供给的淡水,而闸门的外侧是海洋的咸水。当闸门两侧的压力相等时,再把闸门打开,由于咸水的密度较淡水大,因此淡水的水面要高于咸水的水面。在水平面转变为等高的过程中,水面较高的淡水流向海洋,轮船便借水流的作用离开水闸而进入海洋。

与此相类似的现象是巴拿马运河两端的海面有高度差。在干燥季节,这种差别较小,但在雨季,高度差可达30厘米。其中部分原因是两个海洋的含盐量不同:太平洋中的含盐量较大西洋为多,因此密度也较大。故运河在太平洋端的海面,应该比大西洋的海面要低一些。

## 抽水马桶是怎样工作的?

抽水马桶在冲洗污物时具有神奇的威力,使用起来殊感方便。你可曾知道它是谁发明的?又是怎样工作的?原来它是美国的托马斯·克莱泼(Thomas Crapper)和他的同事们花费了不少精力发明的。他们进行了很多次实验,实验工作在1884年达到了高潮。那时候,克莱泼等制作了“一个威力巨大的冲洗器,它完全清除掉了:平均直径为4.45厘米的十个苹果、直径为11.43厘米的一把扁平调匙,涂有管子工污迹的三个空气罐以及紧粘泥土表面的四张纸。”这真是技术上的一个卓越的功绩!

你也许会不懈地问,这种功绩的威力何在?其威力就在于所有的现代抽水马桶都在马桶和连接下水道的管道之间装有一根虹吸管。当水进入马桶时,马桶中和虹吸管输入臂中的水面就升高。最后,水从虹吸管的输入臂流到输出臂,于是虹吸作用便开始了。是虹吸的水流和冲入马桶中水的综合环流清除于污物,并且用水是相当省的,只用一桶水就可解决问题。有的马桶的底部,还增加了一个喷水口,它可以从马桶中带走液体从而增加了虹吸的速度和强度。

陷入流沙(泥潭)中应该怎么办?

如果你发现自己或同伴陷入流沙(泥潭)中,你应该怎样办才能摆脱险境?陷入流沙很深的人或动物,眼睛易向外突出,又是怎么回事?

由于流沙的粘滞性随切变力的增加而增大,你对流沙所施的切变力越大,流沙使你陷入的深度越深,因此你如若试图使自己很快脱离陷阱是不可能的。当发现自己陷入泥沙中时,最有效的动作是缓慢地自拔或互拔(拉)别人(物)。缓慢移动的目的是使粘滞性尽可能地减小。拔(拉)出后立即采取仰卧动作并向安全地带滚去。

被陷入流沙的动物的眼睛突出,是因为流沙的高密度使躯体下部受到了较大的流体静压力所致。

## 海洋中惊人的狂浪

有许多关于海洋中航行的船只突然遇到难以置信的狂浪的传说。例如,1956年一艘货船离开赫德拉斯时,船长见到有30米高的海浪。1933年,在北太平洋上航行的一艘美国拉玛玻号船

上，曾观察到一个估计高达34米的海浪记录。试想一想，站在34米高的海浪之下的驾驶台上会是怎样的一幅骇人的景象啊！

为什么这些海浪突然地出现后又突然地消失呢？如果这些海浪是暴风以某种原因造成的，那么这样大的海浪能是单个出现吗？它们是否是由于海底的突然地震造成的？如果是的话，这种地震浪能被海洋中航行的船只检测出来吗？

海洋中的狂浪是由许多海洋波浪以相同的位相偶然相遇合成而产生的，合成波浪的振幅是许多海洋波浪的振幅之和，这就是狂浪之高的原因。但是它们不是在海洋中传播的狂浪，它们会很快地消失，因为参加合成的许多波浪都沿各自的方向以稍有不同的速度离去。

当你从影视片中或亲临现场，观看冲浪运动时，无不为那惊险的动作所折服。只要你细心观察，就会发现冲浪者乘的波浪往往是那些碎浪的边缘部分，并且冲浪运动大多是在坡度平缓的海滩水面上进行的，你能说明其中的原因吗？冲浪运动者为了乘波浪而行，就必须以波速而行，在正常的情况下，深水中的波速比波浪里水的质点的速度大。如果波浪是近乎破碎的，那么水速和波速几乎相等，冲浪者为了不落后于波浪，只需稍稍增加一点速度就可以了。这个附加的速度来自冲浪滑行者在波浪边沿部分的不断下降而产生的。因此，人们为了做冲浪运动，必须选择一处坡度平缓的海滩，因为那里的波浪是碎浪或近乎是碎浪。

## 搅拌茶水时茶叶怎样运动？

你如果有兴趣的话，可以搅拌一杯放有茶叶的水，便会现茶叶集中在杯子的中央。可别小看这样的现象，明白了这个道理之后还可以解释河流弯曲的原因哩。当茶水绕杯子中心旋转时，由于离杯壁较近的茶水的速度小于离中心轴较近的茶水的速度。因此，根据伯努利原理，便产生指向杯中心的压强差，继而产生指向中心的向心加速度。这个压强差便导致一个附加的水流，称作二次流。它使茶叶积聚在杯子的中央。

下面让我们再来考虑茶水中的两个水面，即上面的顶层和下面的底层。每一水面层，分别离杯中心较远的压强也较大，但是在底层中，由于杯底摩擦力的阻止，故底层茶水的旋转速度不如顶层那么快，亦即提供向心加速度所需的压强差较小。在顶层和底层中都有压强差，但是顶层的压强差较大。现在考虑一小部分开始处在顶层外侧的茶水，它不仅绕中心轴旋转，而且因为顶部外侧与底部外侧之间的压强差，它还会沿杯壁降到杯底。为了补充顶层外侧损失的液体，就有液体从底部的中央沿杯中心轴向上流，然后再流到顶部的外侧。当茶水继续旋转的时候，它还从顶部的外侧流到底部的外侧，再流到底部的内侧。位于底部的茶叶被这种二次流俘获，便沉积在杯子的中央部分。

## 河道为何总是弯曲的？

天然的小溪或河流，尤其是年代悠久者，几乎总是迂回曲折地前进，长距离的笔直河床是极为罕见的。在某些情况下，弯曲程度是如此之大，以至河道中断形成“U”形残留河道，即所谓牛轭湖。

河道的弯曲也是由于上面所说的二次流造成的。二次流垂直于水流的方向，它的循环是从外侧顶部流到外侧底部，然后到内侧底部，向上流到内侧顶部，最后再流回到外侧顶部。这种二

次流冲走外侧河床壁上的泥沙，并把它们沉积在稍向下游的内侧河床壁上。尽管原来的河道可能较直，但是河床中一旦略有弯曲都会被加强，因此河道就逐渐发生弯曲，以致越弯越甚。

## 鸟为何排成“V”形队列飞行？

候鸟在漫长迁徙的征途上长时间地飞行时，常排成各种规则的队形，同步地扑动着它们的翅膀结伴而行。譬如说，以“V”形队列飞行，这种习性有什么道理吗?从空气动力学的角度来看，当一只鸟的两翼向下压时，迫使鸟翼外的气流上升，这上升的气流尾随于鸟后。排成V字形队列，可使前一只鸟后面的另一只鸟从尾随的上升气流中得到好处。于是，除领头的一只鸟外，其他的鸟都可以利用前一只鸟留下的上升气流的升力而节约能量，以利长途持续地飞行。

## 赛车的队形

在普通汽车的拉力赛中，往往一辆赛车紧跟着另一辆赛车(称为牵引车)的后面行驶，这样会有什么好处?前面的赛车是否会受到一些影响?当后面的赛车突然超越前面的赛车时，为什么猛然受到一个加速的推力?

赛车鱼贯而行，跟在后面的一辆赛车，处在前一赛车所产生的涡流低压区内，又因为气流已被前面的赛车夯开，因而受到的空气阻力较小。当跟在后面的赛车超车时，会突然出现一个加速推力。这是由于流过前面一辆赛车一侧的部分空气流，被迫通过两赛车间较窄的空间而加速，致使压强减小。因而在后面尾随的汽车受到指向前方的压强差作用，使其在超车的瞬间加速前进。前面的那辆赛车相应地也受到一个向后的作用力。

## 鱼群的队形

大小和形态相同的鱼也会以规则的队形“同步而游”。鱼儿从这种群居的习性中得到了好处，可使它们游动的耐久力显著地增加。可是这种队形和鸟群的V字队形是不同的。这里面的奥妙何在?比如鱼群呈扇形排列时，是充分利用作为向导的鱼所产生的尾流。当鱼在游动时，它留下来一条涡旋的尾流，这些涡旋交替地出现在鱼的轴线的两侧，向鱼的正后方延伸。这些涡旋的旋转使得轴线上的水流方向与这条鱼的游动方向相反。如果另外有一条鱼恰好在这条特定的鱼的正后方，由于它是逆涡流产生的水流方向而游动，势必要多消耗些能量。然而，倘若尾随的这条鱼位于轴线的一侧时，它就会处在向前运动的那部分涡旋之中。我们设想两条鱼游在前面，一条鱼尾随在这两条鱼轴线的延伸线之间，那么这尾鱼就位于前两条鱼所产生的那部分向前运动的涡旋中。当然，它消耗的能量必然比游在前面的鱼要少。

由此观之，鱼群结队而游，除领头的鱼外，其他尾随的许多鱼都是利用了它们前面的鱼产生的涡旋流，从而使能量消耗尽可能的少一些。

## 建筑物后面能避风吗?

在严寒的冬季，一般人往往都有躲在建筑物的背面作为避风

处以挡风寒。但是对于强烈的狂风,这种做法是很不可取的。因为狂风吹来,在向风的一面,风可算是平稳地流动(所谓层流)。但是在背风的一侧,却突然产生涡旋,而涡旋使风成为阵风,风刮得要比向风的一侧厉害得多。

# 五、声音的常识

## 声音的传播

### 1.声速的快慢取决于什么?

把一只电铃放在一个密闭的容器中,然后把容器中的空气抽出,通电后尽管电铃在猛烈地振动,但并不发声。这说明声音需要在一定的物质里方能传播,传播声音的物质叫做媒介。媒介可以是气体——比如空气就是最常见的一种媒介,也可以是液体(如水)或固体。

人们在不同媒介里做实验,发现在空气中声速是340米/秒,水中是1450米/秒,钢铁中是5000米/秒。这说明,声音的速度和传播它的物质的状态有关。一般说来,固体传声比较快,液体其次,气体较差。当然,同一状态,由于材料性质不同,传声本领也有差异。

此外,实验还表明,同一材料在不同的温度下声速也不相同。不过同一种材料在相同的温度下,不同声音的传播速度都是一样的。

由此看来,声音传播的速度跟材料性质和环境温度有关。人

们充分利用这种关系来为人类服务。

比如,固体传声快的优点,早就为古人所利用了。沈括在《梦溪笔谈》中写道:“古代行军,战士宿营地上都要头枕用牛皮做成的箭筒。取其中虚,附地枕之,数里内有人马声,则皆闻之。”

更有趣的是,利用固体传声,连聋子也可以听到声音。十八世纪,德国有位名叫贝多芬的大音乐家,晚年不幸耳朵聋了。为了监听钢琴的演奏,他拿来一根金属棒,棒的一端触在钢琴上,另一端咬在牙齿中间。这样,琴声沿着金属棒和他的牙齿、骨骼一直传到内耳,使他又获得了听觉。

还有些内部听觉系统健全的聋子,可以踏着舞曲节拍翩翩起舞,这是由于声音通过地板和他们的骨骼,迅速传进内耳的缘故。

住在铁路附近的人有这样的经验,有时远处驶来的火车的汽笛声虽然听不到,但是伏在铁轨上却能听到它发出的隆隆声。

### 2. 音速和气温的关系

经验告诉人们,声音在天气凉爽时要比天气暖和时传得远。尤其在平静的水面上或结冰的湖面上,这种现象就格外明显。反之,在炎热的沙漠中,声音传播的范围就显著地缩小。原来在较暖和的空气中的声速比寒冷的空气中的声速要快一些。如果气温是向上递减的,那么沿水平方向传播的声波,其上面部分就比下面部分传播得慢,因而波的路径便向上弯曲。由于温度在竖直方向上的这种向上递减的梯度分布,上述的折射就使声音拐弯向上,因而不可能沿地面传播得很远。

在凉爽的天气里,在一般情况下气温是向上增加的,尤其在水面上是这样,因而使声音向下折射。这样,声音在地面附近就传播得比较远。

## 小河潺潺的流水声

潺潺的流水声已成为很多人对故乡和旅游生活的惬意的回忆了。小溪发出的潺潺的流水声的确是很美妙的声音,令人回味和向往。小河为什么能发出如此和谐的声音呢?其中一部分是由于河水流动形成的气泡所产生的。形成一个气泡发出的声音很小。但是,大量气泡的振动和气泡的破裂,就会产生大得多的声音。

另外在开启啤酒和各种饮料瓶时,也发出微弱的响声。你不妨仔细观察与研究一下响声与气泡的产生、移动和破裂的关系。

## 下雪后的寂静

大雪纷飞的情景是很壮观的,雪后的景色也是很迷人的,但是雪后的环境特别宁静却往往不为人所注意。新鲜的雪是很蓬松的,表层有很多小空隙,它很容易吸收声音。当积雪的日子久了,由于雪被压得很密实,里面减少了空隙,因此吸声的能力就大大减弱了,往往又恢复了往常的喧闹。根据这个道理,人们制成各种多孔的消音材料,张贴于居室、会议室和各种公共场所中,这样能有效地吸收噪声。

在南极探险队新挖好的雪洞中,这种吸收声音的现象特别明显。如果说话的距离超过了5米,必须大声讲话方能使对方听见。

## 指关节啪啪作响好不好？

有些人喜欢扳弄手指的关节，使它发出响声。这是因为扳弄手指时，润滑指关节的液体压力减小了，致使这种液体中许多微小的气泡发出破裂，产生了“啪”的声音，不同的指关节连续动作，便会“啪、啪”或“嘎巴”作响。

应该注意，这是一种很不好的坏习惯。经常地扳弄指关节会拉大环绕关节的背囊或覆盖物，使关节松弛，很容易导致关节炎，还会使手指变粗，为了戒掉这种毛病，可以用玩铁球、健手圈等方法来分散扳弄手指关节的注意力。

## 融冰的响声

热天喝饮料时，你可以投入几小块冰，随着噗通声即可听到劈啪的破裂声，然后又发出油煎食品般的嘶嘶声。这种声音是怎样产生的?是否一切冰都能产生这样的声音?破裂声是由于冰受热时在冰中所产生的热应力引起的，而“嘶嘶”声则是由于在冰中封闭着的许多微小的空气泡到达冰表面破裂时产生的。没有这类气泡的冰块在融化时就只有破裂声。

南极附近的冰山向南漂流而融化时，也会发出油煎食品般的声音。探险队员把这种声音称为“冰山矿泉水”声。

# 有趣的回声

## 1.回声是怎样产生的?

声音在传播过程中遇到障碍物会按类似光的反射方式改变传播方向,这种现象称为声音的反射,反射回来的声音叫做回声。但是你可曾知道是否在任何距离内都能听到回声呢?让我们通过计算判别一下吧。

众所周知,声速大约是340米/秒,由于人耳的生理特性,仅当回声在你听到直达声的感觉消失以后进入耳朵,也就是说至少要经过1/15秒的时间,才能把它和直达声区别开来。在1/15秒时间里,声音传播的距离$s=vt$=340米/秒×1/15秒≈22.7米,因此要想听到回声,你离开障碍物的距离必须大于11.4米。小于这一距离,当你听到回声的时候,直达声的听觉还未消失,二者混杂在一起,故分辨不清,这就是我们在一般的屋子里听不到回声的道理。当然不管在什么距离内回声总是客观存在的,只是人耳的感觉作怪罢了。

## 2.回音壁和三音石

到过北京的人,很希望参观天坛公园的回音壁,它修建于1530年,是融声学于建筑的佳作,它是一座圆形的围墙,高6米,直径为65米。围墙砌得非常光滑平整,便于声波的反射.当你站在围墙近旁的某处斜对围墙轻声说话时,与你相距几十米远的另一围墙近旁,依旧能听清楚你的声音,而且仿佛是从近处发出似的,这是由于声音经过围墙多次反射的结果。

回音壁的中心有一块石头叫做“三音石”,你站在石头上只要轻拍一下手,就可以间断地听到三次回声。手拍得越重,听到的回声次数亦越多,这究竟是怎么回事呢?原来也是声音反射的结果。从三音石上发出的声音向四周辐射,遇到墙壁后便发生反射,反射回来的声音,同时传到三音石,你便听到了第一次回音,回音再向四周传播,又经墙壁同时反回,你又听到了第二次回声。如此循环往复,经过几次反射后,声能逐渐衰减,最后也就再也听不到回声了。

### 3.四声谷

某种奇特的回声,给不少游览胜地增添了不少的情趣.如我国江西省弋阳县有个圭峰,此处山峦层叠,风景秀丽在三十六峰八大景中有一处山谷,只要你站在谷地高喊一声,就能连续不断地听到四个同样的回声。因此得名曰:“四声谷”。

在河北省太行深山区赞皇县境内嶂石岩村发现世界上最大的天然回音壁,坐落在一处箱状峡谷中。它口小腹大,坐西朝东为准半圆桶型,直径九十米,弧长延伸达三百多米,陡壁高一百米,呈半封闭型。从回音壁内任何一个方向说话,都可以听到清晰的回声。

### 4.声云反射形成的回声

声音不但遇到坚硬的物体能反射,柔软的物体,如透明的空气,冷热不同或所含水蒸气数量不同的空气流(声云),都能反射声音,形成回声。它们和光学里的“全反射”相似,从无形的障壁界面把声音反射了回来,于是便会听到不知从哪里传来的声音。

例如位于瑞士和意大利交界处的阿尔卑斯山的一条铁路隧

道里,爆炸了28吨炸药。居住在30公里以内的瑞士人都能清楚地听到爆炸的轰鸣声。由于地面物体对声波的吸收,35公里以外的人就什么也听不见了。然而远在160公里以外的德国人却清楚地听到了这次爆炸声,这实在是令人费解的事。为什么近处听不到,而在远处却又听到了呢?实际上,这并不难理解。原来瑞士人听到的是直达声,而德国人听到的是回声。事情是这样的,炸药爆炸以后,声音向北传播,上升至离爆炸处80公里地方的上空,遇到了能够产生回声的空气流。于是就把爆炸声反射到160公里远的德国人那里去了。

### 5.混响时间

古代有个典故,叫做“余音袅袅,绕梁三日不绝”。说的是古时候有个叫韩娥的人,到齐国以后断了粮,以卖唱为生,她唱的很好,以致唱完后歌声还绕梁三天不散。现在每逢人们陶醉于优美的歌声和乐曲声时便自然地引用这个典故抒发自己的赞美之情。

上述歌颂之词虽属夸大,但却也不无道理。通常我们听同一个声音,在空房里总比在室外空旷处要响亮得多。这是由于停止发声后,声音并未立刻消失,它在室内经过连续反射产生多重回声,回荡于室内,这种现象叫做“交混回响”,从停止发声到听不见声音这段时间称“混响时间”。

在剧院和音乐厅里“混响时间”过短和过长都不好,如过长回音延续交混在一起,往往使音色变得混浊不清,人们听到的只是嗡嗡的嘈杂声,降低了声音的清晰度和羡赏价值。如过短也不好,使原来婉转而圆润的声音变得干瘪乏味,节奏急促而生硬,也是有伤雅兴的。一般剧场的混响时间在1.5秒钟左右为好。如北京的首都剧场,是我国声学结构最好的剧场之一,坐满听众之后,它的混响时间是1.36秒。

混响时间的长短,跟房间的大小有关,也跟房间的形状以及墙壁、地板、天花板的材料性质有关,还跟房间里的摆设和人数多少有关。一般说来,光滑的材料如玻璃、大理石等坚硬而光滑的材料反射声音的性能较好;而泡沫塑料、壁毯,地毯、各种多孔性吸音材料,反射声音的本领较差。故为了获得满意的混响时间,就必须精心地选择各种材料。

## 奇妙的共鸣

### 1.沈括谈共鸣

声音的共鸣,就是声学中的共振现象。早在我国北宋时代,就被著名的科学家沈括所认识。在他的名著《梦溪笔谈》里有这样的记载:"予友人家里有一琵琶,置之虚室,以管色奏双调,琵琶弦辄有声应之,奏他调则不应,宝之以为异物,殊不知此乃常理。"大意是这样的,朋友家有一只琵琶,放在空屋里,当用管乐器演奏某种曲调时,琵琶弦就有声与之相呼应,奏其他曲调则无声呼应。不明事理的人还把它视为珍宝呢。其实这是当外来声音的频率和琵琶弦的固有频率相同时,便引起琵琶弦共振的缘故。看来这是一般道理,不足为奇。

沈括重其言,更重其行。他做了使弦共鸣的实验,写道:"先调诸弦会声和,乃剪纸人加弦上,鼓其应弦,则纸人跃,他弦即不动。"意思是先调好琵琶上的诸弦使其能演奏,再把纸人粘在诸弦上,拨动其中一弦,则和这根弦的固有频率相同的那根弦上的纸人便会跳动(发生共振),其他弦上的纸人则不动。这个实验生动地验证了弦的共鸣现象。欧洲有人在文艺复兴时期也做了类似的实验，但却比沈括晚了四百年。

### 2. 共鸣箱的作用

利用声音共鸣的乐器，如二胡、板胡、各种提琴、马头琴等弦乐器械，它们都带有一个“空箱子”，叫做共鸣箱。演奏时，弦振动引起箱里空气柱发生共鸣，致使乐器的声音格外响亮、悦耳。

为了改进声学效果，剧场里也常常利用共鸣。例如北京故宫畅音阁的舞台下面挖了五口旱井，它们在起共鸣箱的作用。有的在舞台下面埋入几只空缸，或者在缸里还挂上铜钟，这些都是为产生共鸣和加强音响效果的。

### 3. 贝壳发出的波涛声

当你漫步海滩时，可不时地捡到一些美丽的贝壳。在欣赏之余，若偶尔把一枚贝壳放在耳边，便会听到海洋的波涛声，岂不怪哉！其实奥妙在于周围环境的声响(包括微风、浪涛声等)中的某些频率能激起贝壳内的空气柱共振，如同琴弦的振动能激起琴壳内部空气柱的共振一样。连续发生的共振会使听者产生一种类似海洋波涛声的幻觉。

### 4. 鼻腔和口腔对共振的作用

男人和女人说话的声音是不同的，同一个人的童年和成年的音调也各有异。这是因为嗓音的音调是由声带的长度、厚度和张力决定的。声带振动时使气压发生变化，从而激励口腔和鼻腔发出共振的谐音。男人有较长和较厚的声带，因而产生低频振动，嗓音低沉而浑厚。女人的嗓音则高亢而响亮。随着年龄不同，声带的长短和厚度也要发生变化，致使嗓音发生变化。歌唱家何以

能唱出包含各种频率的甜美的歌声呢?这是由于声音的频率既与气流冲激声带产生的振动有关,又与口腔和鼻腔的共振频率有关。歌唱家善于控制和变换自己的口腔和鼻腔的形状与大小,因此能唱出婉转悦耳的歌声。

声音的共鸣还能产生神奇般的力量,当歌唱演员放声唱到某一高音频率并持续数秒钟之后,可把玻璃杯震碎。这是由于使玻璃杯产生了共振,并达到了使它产生破裂的程度。

### 5.沙丘的共鸣

世界上的许多地区有会发声的沙子。当你漫步在海滩或在沙漠上行走时,会听到各种不同的奇特的声响。有的“轰鸣”,有的“鸣唱”,有的“低吟”,有的“厉叫”。如英国的一些海滩,沙子被踩时会发出哨声,还有些地区的海滩则发出击鼓声。这是沙子被踩时,在切应力的作用下发生受迫振动,由于种种条件的影响,振动的频率不同,便形成各种不同的声音。

在沙漠里旅行时,偶尔会听到沙丘发出震耳的轰隆声。当你爬上沙丘或是从沙丘上滑下时,可以听到清脆悦耳的声响,宛如歌声。这是因为沙丘表面的沙粒在倾泻流动时,当沙层间由于摩擦而产生振动的频率同沙丘本身的固有频率相同时便引起沙丘的共鸣,这种现象叫做“鸣沙”。美国的长岛及夏威夷沙漠,在亚洲、中东及非洲的几处沙漠都有类似的现象,我国宁夏黄河边的“鸣沙洲’便是一例。据研究,发出这些声音的沙粒是大小近于相同的球状沙粒。

### 6.水龙头的啸叫声

在打开或关闭自来水龙头时,有时会听到哼哼和隆隆的怪叫声，当完全打开或完全关闭龙头后就自动不叫了。这是由于水通过管子的狭窄处时流速增加，有可能发生湍流而出现成穴现象(即产生大量气泡)，空气泡的振动跟水管本身和跟水管相连的周围的物体(如墙壁、地板、天花板等)发生了共鸣。因此这种喧闹声不是自始至终地发生于整个开关过程，也只有在一定流速的水经过水龙头的狭窄处时才能发生。值得注意的是，在夜深人静时开关水龙头要特别小心，一旦出现这种令人生厌的噪音会弄得四邻不安。如果在水管上加一根防气阀的竖直管子，利用它把产生的气泡及时放掉，便可使水管安静下来。

## 超声波及其应用

### 1.超声波

有人认为凡是声音人们都能听见，事实并不尽然。我们知道，声音起源于发声体的机械振动，由于生理机能的限制，人耳能听到的声波频率是有一定限度的，多数人能够听到的声音的频率范围，大约是从20赫兹到2万赫兹(赫兹简称赫)。这个范围的声波叫做可听声。高于2万赫的声波叫做超声波。

每个人能听到声波频率的最高限度各不相同。一般而言，老年人的听觉迟钝些，能够听到的最高频率不超过6千赫，通常人们对最高频率的感受差别也很大，有许多昆虫(像蚊子和蟋蟀等)发出的声音频率大约在2万赫，这些音调往往使有些人听得见，而另外一些人则听不到。因此，经常有这样的情景，在天高气爽的秋季，当人们漫步在田间的小路上，此起彼伏的秋虫唧唧声，有人感到尖锐刺耳，有人感到和谐悦耳，也有人却并未入耳，听而不闻。

蝙蝠的发生频率高达几万乃至十几万赫，大大地超过了正常人的听觉范围。

有趣的是，某些动物听高音的能力比人强得多。比如巴甫洛夫实验室的工作人员发现狗可以听到高达3万8千赫的声波，这纯属超声振动的范畴了，蝙蝠竟然能听到十几万赫的声波，它的听觉非常敏锐，在夜间活动它的视觉已经不起什么作用了，就完全依赖听觉接收反射回来的超声波信号灵巧地捕捉食物。有人曾做过这样的实验，在漆黑的房间里挂满系有铃铛的绳索，然后把蝙蝠放入，它巧妙地上下翻飞，穿梭于绳索之间，竟然不会碰响任何一只铃铛。

### 2.超声波的应用

当代的科学技术能够研制出频率高达100亿的超声波。产生超声波的一种方法是利用石英片的压电效应，石英片是从石英晶体上用一定的方法切下来的，在压缩的情况下，它具有表面带电的性能。反之，如使石英片的表面周期性地带电，那么这表面就会在电荷的作用下，交替地伸缩，产生了超声波振动。可用电子振荡器使石英片带电，振荡器的频率应当和石英片的固有频率相同。由于石英晶体很贵，产生的超声波不强，常用在实验室里。工程技术上应用的压电片常是人工合成物质，如钛酸钠陶瓷等。

超声波由于频率很高，具有奇特的性质，在工农业生产、医药卫生以及科学研究等方面都有广泛的应用。它可以使媒质产生剧烈的振动，具有机械、热、光、电、化学和生物等方面的种种效应。

把振动着的石英片浸在油缸里，在受到超声波作用的那一部分液体的表面上，就会激起高达10厘米的波峰，同时还有小油滴飞溅到40厘米高处。可以用来清洗小到钟表零件一类的精密部件，大到一二十米长的整个导弹壳体和反应堆里的热交换器部件。

如果把一根长1米的玻璃管的一头浸在这油缸里，并且用手握住另一头，手有烫灼之感甚至会留下伤痕。若让玻璃管的一端跟木料接触，会把木料烧穿一个洞，这说明超声波的能量转变成了热能。超声波的这种性能可以用来钻孔，对像宝石、玻璃、陶瓷等坚硬的脆性材料，能钻出任意形状、任何口径的孔。如果在切削工具上加进超声振动，可以使切消阻力降低1/5到1/10，并且能提高切削质量。用超声方法可以使物质软化流动，这种方法所需的能量只有普通加热法的千万分之一，因此超声在拉管、拔丝、挤压成型和铆接等工艺上大有作为。

超声波还能使动物的体温升高，比如能使老鼠的体温升高到45℃。因此，这种热效应，使听不见的超声波同看不见的紫外线一样，广泛有效地应用在医疗上。

超声波的高频振动还能“粉碎”液体，使各种在通常情况下不能混合的液体(如油和水等)混合在一起。它也能“粉碎”细菌，可以用来杀菌消毒。它还能使海草等植物的纤维碎裂，动物的细胞破碎，破坏血球，使小鱼和蛙类在一二分钟里被杀死。

超声波的穿透能力很强，可以穿透几米厚的钢铁，在冶金、机械工业广泛用来探测金属内部结构是否均匀、有没有气泡、裂缝等缺陷，这种透视金属的方法有很好的效益，能发现小到1毫米的金属缺陷，还可以制成医学上诊断疾病的工具。

超声波的波长很短，近似直线传播，能够定向发射，因此可以制成“超声雷达”，用来探测鱼群、海底深度、暗礁、潜艇等。这是无线电雷达所望尘莫及的，因为电磁波在水里衰减很快、传播不远，它很难侦察海底的情况。

在农业上，用超声波处理种子，可以缩短发芽时间并提高出芽率。

# 噪声

噪声是由不同频率、不同强度的声音无规则地混合在一起组成的,噪声的大小通常用分贝来表示。

实验测定,刚能引起听觉的声音大约是0分贝,微风吹拂树叶的沙沙声大约是10分贝,离耳朵1米左右的低语声大约是20分贝,深夜街道上的噪声大约是30分贝,室内轻声的收音机大约是40分贝,汽车行驶发出的声音大约是60分贝,闹市的噪声约为70分贝,火车的轰鸣超过95分贝,放炮声和响雷声大约为120分贝。

一般说来,噪声在40分贝以下的环境算是安静的;60分贝以下,还算比较安静;80分贝以上就算喧闹了,会影响人的身体健康。假如一个人长期生活在噪声强度为85~90分贝的环境里,就会得“噪声病”,出现头昏脑涨、失眠多梦、浑身无力、食欲不振、记忆衰退,或者诱发高血压、心脏病、神经官能症等。噪声太强,比如强到120分贝以上,可能使人的耳朵“暂聋”;强到140分贝,甚至可以使人永久失去听觉,变成聋子。

历史上一些暴君,曾使用噪声来折磨囚禁的人。在第二次世界大战中,德国法西斯就用过强噪声来摧残俘虏。古罗马的暴君,曾用强噪声来处死犯人。

现在噪声已成为城市闹市区的公害之首,严重地危害着城市居民的身心健康,因此限制噪声已成为保护环境的重要任务了。政府为此做了明确的规定:繁华市区室外的噪声,白天不得超过55分贝,夜间不能超过45分贝。

## 耳听八方

当你静心思考问题时，客厅里喧闹声往往把你搅得心神不宁，这时只得关闭通往客厅的门才又重新恢复安宁。但是如果稍有不慎，门尚未关严，留了一条缝隙，情况会怎样呢?发现喧闹如初，并未减弱多少，这是什么原因?声音能绕过门缝，传遍整个房间，这是声波传播的一种重要特征之一，叫做声音的衍射。俗语云:“耳听八方”就是声音发生衍射和反射的结果，这在很多情况下给人带来了不少方便。假若声音只是单方向传播，只有站在你对面的人才能听见你讲话，其它方向的人均听不到，那就麻烦多了。

在一般情况下，不管你的朋友脸朝着你或是把头转过去，由于声音的衍射和附近物体对声音的反射，你总能辨别出他的声音。但是如果用低语声讲话，只有当他脸朝着你时才有可能辨认出他的低语声，即便是低语声和正常声的响声相同时也是如此。这是因为波长愈长(频率愈低)，衍射图样的角度愈大，由于低语声大部分是由高频音组成的，衍射角小，因此低语声衍射较小，因而从背后听就困难了。

## 呼啸的风声

树枝和电线在大风中会发出强烈的呼啸声，即所谓的狂风怒吼。这是由于当风吹过树枝和电线时，空气可能会变得不稳定并从障碍物那里散发出一些涡旋，致使电线(或树枝)的顶部和底部将交替地释放出一些涡旋。这些涡旋产生的压力变化会引起电线(树枝)强烈地振动，从而产生怒吼的风声。

## 超音速飞机所产生的声震

飞机飞行的速度如果突然超过它的飞行高度处的音速，有时候会发出震耳的炮声，这种现象叫做“声震”。由于飞机作高速飞行，飞机前面的空气被压缩形成一层很厚实的空气，宛如“空气墙”似的，有的叫做“音障”。在飞机后面有一个圆锥体，这圆锥体的外边界就是冲击波了。当这个圆锥体扫到地面上的时候，观察者首先感受到的是气压上升和下降，然后又感受到空气的气压再一次上升，直至重新恢复到正常的气压。在这过程中由于空气剧烈地振动，从而产生声震。

有时候，气压的两次升高可能辨别不出来，而有时它们是两次可辨别的声震。但是每逢飞机突然作超音速飞行时也并非都能听到声震。如果冲击波在下降的过程中，被它所遇到的较暖和的空气折射得厉害的话，这类似因空气温度的变化所引起的声波的折射，那么冲击波就不会到达地面了。

## 莺莺塔声学效应之谜

山西永济县普救寺内莺莺塔有9种奇妙的声学效应，在塔内和周围不同位置可以听到塔内传出的蛙声、锣鼓声、狐狸叫声等声音。这些声学奥妙已由我国科学家揭开。莺莺塔有蛙声，起初人们认为是山谷的回声。但经山西大学物理系所组织的多次考查，发现鸳莺塔还有其他声学效应。这些声学效应主要有：人们在离塔10米或20米处击石、拍手，可以听到由砖塔传来的蛙鸣声。当2.5公里外的蒲州镇戏台演戏时，人们在塔底台阶上能听到塔里有锣鼓声；人们在塔旁小声说话，距塔40米处能清晰地听见；人在塔的9层上讲话，下面听声音像是从一层传来，在5层说话则好像一层和9层都有人说话。

通过录音测试，并做了频谱分析，发现莺莺塔产生声学效应的主要原因有三方：一是特殊的地形地貌。莺莺塔所处的地势较高，而周围平缓开阔又无障碍物，可以接收大范围内传来的声波；二是特殊的建筑构造，每一层塔檐挑出成内凹弧形，能把声音反射汇聚，“蛙声”就是13个塔檐反射的结果。在一层塔下面有个收缩的口子，能把塔内发出的声音来回反射，形成共振源；三是特殊的建筑材料。塔身和塔檐全部用青砖叠砌而成。青砖表面光滑，对声波有良好的反射和谐振作用。

# 六、生活与热现象

## 天气的干湿和什么有关?

有人说:空气里含水蒸气多就潮湿,含水蒸汽少就干燥。

然而,事实并非这样简单。比如,江南一带,当梅雨季节来临时,下了几天连阴雨,气温较低,空气异常潮湿,使人感到沉闷窒息,可是太阳一出来,气温升高,由于水分大量蒸发,使空气里所含的水蒸汽比阴雨天还要多,人们反而感到干爽舒服。由此说明,天气的干湿程度并不完全取决于所含水蒸汽的绝对数量的多少。

为了弄清这个问题,需要了解两个概念。一是饱和状态,我们可以用一个实验来说明。拿一个装了半瓶水的密封的瓶子,由于水分子作不断无规则的热运动,所以水里的水分子不断蒸发到水面上方的空气里,同时空气里的水蒸气分子也不断地返回到水里去。这样经过一段时间,当返回水里的水分子和向空气蒸发的水分子数目一样多时,我们就说达到了动态平衡。这时候,瓶内空气里含有的水蒸汽就达到饱和状态,此时的水蒸汽就叫做饱和汽。

空气里的水蒸汽是否达到饱和,跟温度的关系极大。温度越高，空气里能够容纳的水蒸汽越多。比如1米3的空气里含有10克水蒸汽，在10℃时就饱和了。可是在20℃时，必须含有18克水蒸汽才能达到饱和。

另一个概念是相对湿度，就是空气里的水蒸气数量和空气在这个温度饱和时应当含有的水蒸汽数量之比，用百分数表示，叫做空气的相对湿度。比如30℃时，1米3空气里含有30克的水蒸汽达到饱和，而现在实际只含有21克水蒸汽，这时空气的相对湿度为70%。

一般说来，相对湿度大于95%以上，便感到极其潮湿，小于50%，就感到十分干燥。在起居室里，最宜人的湿度是60～70%。

如果气温在20℃时空气饱和了，忽然天气变暖，比如气温升到30℃，由于这时空气达到饱和所能容纳的水蒸汽要比原来的多一些，但实际上含有的水蒸汽并没存那么多，这时的相对湿度变得使人感到舒适。如果天气变得太热，比如气温上升到40℃，这时空气达到饱和所能容纳的水蒸汽比原来的大得多，相对湿度就变得很小，因此天气就变得格外干燥。

由此看来，用相对湿度来表述天气的干湿程度是很科学的。

## 能预报天气的玩具

有种玩具能比较准确地预报某种天气的变化。比如当气压降低时，一个男人便出来预报暴风雨即将来临；在晴天时，则有一个女人出来。这种玩具虽不能用来测量大气压强，但它对可能伴随着气压变化的湿度却相当灵敏。男人和女人的运动是由一段扭成螺旋形的羊肠线来控制的，这是由于线的长度会随着湿度的变化而改变的缘故，为了对它进行检验，可以把它放在洗澡间，那么它一定会频繁地预报坏天气的。

## 用小气球吹起大气球

取两只完全相同的气球并对其吹气，使一只气球中充的气比另一只气球多。然后将两只气球连通，并注意不要使它们漏气。连通后按一般的直觉会认为大气球给小气球充气，即小气球膨胀，大气球缩小。但是事实恰好适得其反，即小气球进一步缩小而大气球却继续膨胀。

然而这应该是见怪不怪的事，这是因为与大气球相比，小气球的曲率半径较小。因此，在任意一小块的表面积上，表面的弹性力有一较大的指向球心的分力。指向球心的分力愈大，内压强也愈大，结果使小气球内的压强较大。这也正好说明了为什么开始吹气球较困难，而当气球膨胀时再吹就较容易些，这就意味着弹性力指向球心的分力在气球膨胀的过程中逐渐地变小。空气从高压强流向低压强的结果，自然使大气球越来越大了。

## 不用冰的“冰箱”

根据蒸发制冷的原理，可以制造一种不用冰的冰箱，来保藏食物。这种冰箱的构造很简单。用白铁皮做个箱子，箱子里装有架子，架上可以安放要冷藏的食品。在箱顶上放一个长方形的容器，容器里盛清洁的冷水，再拿一块粗布，把它的一端浸在容器里，让布的其余部分顺着“冰箱”的后壁往下延伸，使其另一端落在“冰箱”下面的另一个容器里。由于毛细现象的作用，粗布湿透了水以后，水就会像通过灯芯那样，不断地在粗布里通过，这样水就会慢慢蒸发，使“冰箱”内部的温度降低。

这种“冰箱”应该放在室中凉爽的地方,并且每天晚上要更换冷水。当然,盛水的容器和吸水的粗布理当十分清洁,那是不需说的事。

## 水为什么会浇灭火?

这个问题似乎简单得不值一提,然而并不是所有的人都能答出个所以然来的。现在让我们来分析一下:

首先,水一触到炽热的物体,就会变成蒸汽,并从炽热的物体上夺走大量的热。从沸水转变成蒸汽所需要的热量,相当于同量的冷水加热到100℃所需要热量的5倍多,致使燃烧物的温度降到燃点以下而被熄灭。

另外,这时形成的蒸汽所占的体积,要比产生它的水的体积大好几百倍。这么多的水蒸汽笼罩在燃烧物的外面,隔绝了和外界空气的接触,由于断绝了空气,燃烧自然会停止。

为了加强水的灭火的威力,有时还向水里加些火药!这似乎是很荒诞的事,然而这的确是有道理的:火药很快地烧完,同时产生大量不能燃烧的气体;这些气体会把燃烧着的物体包围起来,使火焰加速地被熄灭。

## 烫手的冰

冰是凉的,这是人之常识。但是鲜为人知的是竟然还有烫手的冰,称作热冰。人们习惯上认为,冰不能在零度以上存在。可是物理学家布里治曼的研究结果却出人意料:在极高的压力下,

水能够在比零度高得多的温度里变成冰。布里冶曼又指出，冰不止有一种，而有好几种。有一种冰是在20600个大气压下得到的，它在76℃还能保持着固体状态。布里冶曼命名曰："第五种冰"。假若我们能摸到它的话。它可能会烫坏我们的手指。可是我们没有可能跟它接触，因为"第五种冰"存放在用厚钢板制成的容器里，并且被压力机在极大的压力下才制成的。我们只能用间接的方法来探测这种"热冰"的性质。

说来很有趣，"热冰"的密度比普通冰高，甚至比水还高，它的比重是1.05。它在水里会下沉，而不像普通冰那样会浮在水面上。

## 地面土长出来的冰柱

地面上能长出竹笋，你可曾见过地面上长出的冰柱(3～5厘米)吗?如果仔细观察还会发现冰柱尖上还有少量的泥土和砂砾。令人不解的是，在冰柱形成时，地面本身并没有结冰，而是湿润的。如果结冰的话，为什么地面不先结冰呢?

原来，冰柱的形成有一个较长的过程。最初，在地面下方的水先有一小部分结冰，以后地面上的水穿过泥土中的空隙流到地面下方的结冰区域，它们在结冰膨胀时使地面膨松起来。如果泥土的上方不受限制，冰在结晶时会把冰往上推，从而形成突出地面3～5厘米的冰柱。

由于同样的原因，北方的路面在严冬季节会隆起(尤其是沥青路面)，可隆起30多厘米高，或者龟裂(如水泥路面)，甚至变得翘了起来，你也许认为这是由于路面下的水分因结冰而膨胀形成的。但是造成这样大的隆起需要的水分太多了，以致这样一种解释是难以接受的。其实,这也是在地面下不断生长的冰柱在作祟的结果罢了。

## 盐环是怎样生成的?

在难以种植的盐碱地区经常看到白色的盐环,在一些湖泊周围可见到更大规模的白色边缘。好尿床的孩子,在被褥上经常留下“地图”的痕迹。这是由于毛细作用的浸润现象在上述一些地方的边缘部分形成较薄的一层水。当这部分水蒸发后,边缘部分就留下原来溶解在水中的盐分,形成了白色的盐环。

## 饮水小鸭的奥妙

我国有一种儿童玩具,令人奇怪,逗人喜爱,它的名字叫“饮水小鸭”。把小鸭放在一杯水前面,小鸭就会俯下身去把嘴浸到杯里,“喝”完一口水,又直立起来。可是直立一会儿,又会慢慢俯下身去,等到鸭嘴够到了水,“喝”了一口,又会再直立起来。这种玩具是“不花钱”的发动机的一个典型。它的活动的机构是很巧妙的,小鸭的“身体”是一根玻璃管,管的上端是一个小球,做成鸭头的样子,连着扁嘴。管的下端连成一个较大的玻璃球,也是密封的。球里面装有液体,玻璃管下端浸没在液面下。

要使小鸭能够活动,必须用水打湿鸭头。鸭头打湿以后,有一段时间小鸭还能保持直立的姿势,因为下端的玻璃球和里面的液体比鸭头重。现在看它会发生什么变化。我们发现液面开始沿着玻璃管上升,当液面升到玻璃上口的时候,上部就变得比下

部重，于是小鸭就嘴向前把身子俯到杯子上。当小鸭的身子俯到水平位置的时候，下端玻璃管的开口就会露出液面来，玻璃管里的液体也就流回下端的大玻璃球。于是小鸭的“尾部”又变得比头部重，使小鸭恢复直立的位置。现在我们明白了这个问题的力学方面的作用：液体的升降改变了重力的分布情况，简单地说，就是改变了重心的位置。然而液体何以会上升呢？

小鸭内部的液体是醚。醚在室温里很容易挥发，而醚的饱和蒸汽所产生的压力又会随温度的改变而剧烈地变化。

在小鸭直立着的时候，可以看出有两个独立的醚蒸汽区域：一个在头部，另一个在尾部。鸭子的头部有一种奇妙的性能：只要用水把它打湿，那里的温度就会变得比周围温度稍微低一些。要做到这一点也不困难，只要把鸭头的表面用善于吸水而又容易让水分蒸发的多孔材料来做就成了。水分剧烈蒸发的时候，鸭头上的温度会变得比下面玻璃管和大玻璃球里的温度低。这又转过来会使头部那个小玻璃球里的饱和蒸汽冷凝，压力也就随着降低。于是下部那个大玻璃球里的比较大的压力就会挤压液体，使它顺着玻璃管上升。重心移动位置了，小鸭就慢慢俯下身子一直到水平的位置。处在这个位置，有两个过程各自独立地进行着：第一，小鸭的嘴浸了一下水，这样就又把自己头上的棉套子打湿；第二，上下两部分的饱和蒸汽混合了，压力也就变得一样了(由于吸收了周围空气的热量，蒸汽的温度略有上升)。同时玻璃管里的液体，也在本身的重量作用下流入下端的大玻璃球，于是小鸭又直立了起来。

这个玩具会不断地自动活动下去，只要让它头上的棉套继续打湿，而周围空气的湿度又不太大，能够保证正常的蒸发，也就是保证头部的温度能够相对地降低。这样看来，小鸭头部的水不断蒸发所吸收的周围空气的热量，就是使这种奇妙的小鸭能够活动的原动力.这种小鸭是“不花钱”的发动机的一个明显的事例,但它并不是什么“永动机”!

## 扇子何以凉快?

天热了,扇子可以驱热纳凉,这是人所共知的事实。你可曾想到,这是什么道理呢?另外,扇子一摇,理应屋里的其他人也该感谢他,因为他扇凉了全屋子里的空气,是这样的吗?

天热时,脸上的热空气像一层看不见的“面罩”似地罩在我们脸上,它延缓了身体热量的散发,所以感到热乎乎的。如果屋子里的空气不流动,那么贴在我们脸上的这层热空气只能十分缓慢地被比较重的没有变热的空气挤向上面去。当我们用扇子驱走表层热空气时,人们的脸部始终跟一层没有变热的冷空气接触着,不断地把热量传给它们。这样,身上的热量总是在散发,因此觉得凉爽不已。

可见,扇扇是在不断地在从自己身上赶走热空气,用没有变热的空气来代替它。等到不热的空气又变热了的时候,另外一份不热的空气又来代替了它……

扇子能加速空气的流动,使整个屋子里的空气温度很快地变得到处一样。显然,扇扇子的人是在用别人周围的凉空气来凉爽了自己——假若整个屋子里的空气不发生流动,即和室外没有热量的交换。

## 沙漠里的热风

沙漠里刮热风,是由于在热带气候里,空气常常比人体更热。

在那里已经不是人体把热量传给空气，而是相反地空气把热量传给人。因此，每分钟里流过来同人体接触的空气越多，人就越感到热。当然，这里的蒸发作用还是因起风而加强的，但是热风带给人体的热量终归更多些。这也就是为什么沙漠里的居民，例如土尔克明人，要穿长袍和戴皮帽的原因。

由此可见，人在起风的时候会觉得更热，而不是觉得更凉快，应该见怪不怪才是。

## 面纱能保温吗？

在日常生活中，面纱对于某些民族(例如中东一带)除由于风俗作为面具外，至于它能否保温，男女的回答往往是不相同的。妇女们都肯定说，在稍冷和有风的天气里，戴面纱可以保温，不戴它脸就觉得冷飕飕的。然而男人们对此总是持怀疑或否定态度，这是由于面纱既薄孔又大的缘故。

但是，通过从上面所讨论的问题里，对面纱能保温，应该作出并非无稽之谈和心理作用的回答。面纱上的孔尽管大，由于直接贴在脸上的那一层空气变热之后，本来就有面罩作用，因此空气要透过面纱总要慢一些，而这一层空气在面纱的阻拦下，不会像没有面纱的时候那样很快地被风吹散。

## 人能经受住多高的温度？

住在温带里的人，每当周围空气的温度超过正常体温37℃时，早就汗流浃背，热不可耐了。温度如若再高，就好像难以长时间的坚持了。其实,人们耐热的能力,比一般所想象的要强得多。住在素有三大火炉之称的武汉、重庆等地区的人,气温往往高达40℃以上,每年经受不可言状的酷热之苦。南方热带各国人民能忍受住的温度,比住在温带的人认为无法再忍受的温度要高得多。澳洲中部夏天的温度在阴影的地方往往高到46℃,最高甚至到过55℃。在从红海驶入波斯湾的航道上,船舱里虽然不断地通着风,里面的温度仍然高到50℃以上。墨西哥的圣路易斯,是地球上有名的"热板",夏天的气温经常在50℃左右。1933年8月曾经达到57.8℃。然而那里的人照样安然无恙。北美洲的加利福尼亚一个名叫"死谷"的地方,也曾经到达57℃左右的温度。

方才所说的温度是在阴影里测量出来的。为什么标志气象的温度不在阳光下测量呢?原来只有放在阴影里的温度计测量的才是空气的温度。如果把温度计放在阳光下,太阳就会把它晒得比周围空气热得多,因此温度计上所指示的温度就不再是周围空气的温度了,显然这是毫无意义的。

现在已经能用实验方法测量人体能忍受的最高温度(被测试的人,当然要身体强壮,没有疾病)。在干燥的空气里,把人体周围的温度非常缓慢地升高,人不但能忍受住沸水的温度(100℃),有时还能忍受住高达160℃的温度哩!英国物理学家布拉格顿和钦特里为了实验,曾经在面包房里燃烧的炉子内停留过几小时!便是佐证。丁达尔也曾经指出过:人如果停留在空气的温度热到可以烤熟鸡蛋和牛排的房间里,还是可以安全无恙的。

那么,人怎样才会有这样高的耐热能力呢?原来人体实际上是绝不能达到这样高的温度,他还保持着接近正常体温的温度。在高温的环境下,人体用大量出汗的方法来抵御高温,汗水蒸发的时候,能从紧贴皮肤的那一层空气里吸收多量的热,使这层空气的温度大大降低并且空气是不易导热的。不过要人体能够忍

受住高温，最主要的条件是：人体不能直接接触热源，在上面的实验里，两位物理学家是站在绝热板上的，而且空气必须干燥，同时实验者要喝大量的水，以便分泌出大量的汗水。看来处于高温中的人，汗水的蒸发，还真是生死攸关的大事哩！

很多人常有这样的经验，盛夏温度达到30℃以上，比之梅雨季节温度只有20℃左右反而更好忍受些。原因当然在于梅雨天的相对湿度高，而盛夏的相对湿度比较低的缘故。

## 能否用火来灭火？

1987年大兴安岭发生了一场骇人的大火，举世为之瞩目。为了尽快地扑灭火灾，人们绞尽脑汁，想尽了各种办法。在与燎原大火的斗争中还有一种鲜为人知的方法，在某些情况下这是在森林或草原上跟火灾作斗争的最好的、有时也是唯一的方法，就是迎着大火的来向放火。新的火焰朝着猖獗的火海前进，消灭掉容易燃烧的物质，使大火失去了燃料，两堵火墙遇在一起，就会立即熄灭，好像彼此吞噬掉了一样，此乃以火灭火。

美洲草原里发生大火的时候，人们就曾经用过这种方法扑灭了那场冲天的大火。关于这件事，库帕在他写的长篇小说《草原》里曾作了专门的描述。一位老猎人为了把一些被围困在大火里快要被烧死的旅客拯救出来，他采取了以火灭火的办法，先从小说《草原》里摘录几段：

老人突然采取了断然的措施。

“是行动的时刻了，”他说。

“可是你行动得已经太晚了，可怜的老头子！”米德里顿叫道，“大火离开我们只有四百米了，风又是用这样可怕的速度向我们这里吹!”

“是吗! 火,我也不怎么怕它。好吧,孩子们,别尽站着! 现在马上动手割掉这一片干草,清出一块地面来。”

在很短的时间里就清出了一块直径大约6米的地面。老猎人吩咐妇女们,教她们用被褥把自己那些容易着火的衣服盖起来,然后就领她们走到这块不大的空地的一边去。做了这些预防措施之后,老人就走到这块空地的另一边,那里大火已经像个高而危险的火墙,把旅客包围了。他点着一束非常干的草并投向干草丛中去,容易燃烧的干草立刻熊熊地烧起来,然后老人走到圈子中央,耐心地等待着自己行动的结果。

他放的这一把火贪婪地扑向新的燃料,一会儿功夫树丛里的草也烧了起来。

“现在你们可以看怎样跟火作战了,”老人兴致勃勃地说。

“这不是更危险了吗?”吃惊的米德里顿大声叫道,“你不但没有把‘敌人’赶走,反而把它引到身边来了呀!”

老人放的这把火越烧越大,同时向三个方面蔓延开来。但是在第四方面却因为缺少燃料而熄灭了。随着越来越大的火势,在大火前面出现的空地也越来越大了。这片刚出现的黑色冒烟的空地,要比用镰刀割的草地光得多。他们刚才清除出来的这块地方便随着从其他几面包围着它的火焰的远离而扩大出去。要不是这样的话,那些避难者的处境是会变得很危险的。几分钟以后,各方面的火焰都后退了,只有烟还包围着人们,但是这对于人已经没有危险了,大火已经疯狂地向远方奔去了。

旁边的人如同斐迪南王的廷臣们观看哥伦布竖鸡蛋一样,是怀着惊异的心情目睹这个老猎人的简易的、然而又是惊心动魄的灭火法的。

但是这种跟草原和森林大火作斗争的方法,并不像一般人想

的那样简单。仅仅极有经验的人才能利用迎火燃烧的方法来扑灭火,否则会引火烧身,发生更大的灾祸。

如果认真地想一想下面这个问题,你就会明白做这件事为什么需要丰富的经验了:这个老猎人所放的火怎么会迎着火烧去,而不朝相反的方向烧呢?要知道风是从大火那方面吹来,把火带到旅客身边来的。好像这位老人所放的火应当不迎着火海烧去,而要顺着草原后退似时,倘若果真如此,旅客们就不可避免地葬身于火海之中了。

那么这位老猎人到底有什么灭火的诀窍呢?这不难由普通的物理知识来解释。风虽然是从燃烧着的草原那一方面向旅客吹来的,可是在火前面离火很近的地方,应该有相反的气流朝着火焰吹。原因是火海上面的空气热了以后会变轻,而且被没有遭到火灾的草原上来的各方面的新鲜空气推向上方。由此可知,在火的边界附近一定有迎着火焰流去的气流。必须在火焰接近得能觉察出已经有空气在向大火吹去的时候才能动手迎着火放火。这也就是为什么老猎人不急于动手,而沉着地等待着适当时机的缘故。如果他在这种气流还没有出现的时候过早地把草烧着,那么火就会朝相反的方向(即靠近旅客的方向)蔓延开来,使人们的处境变得格外危险。可是也不能动手太迟,即火烧眉毛时才放火,也是会把人烧死的,机不可失,适当地把握时机是何等重要啊!

## 为什么春天常刮大风?

地球上温度高的地区,空气受热膨胀,形成低气压区;温度低的地区,空气遇冷收缩,形成高气压区,空气便由高气压区向低气压区流动。两个地区的气压高低相差越大,空气流动的速度就越快,因此产生的风力也就越大。

春天,太阳直射位置逐渐向北半球移动,北方大陆接受太阳的热量增多了,但是大陆以东的广大海面增温较慢。这样,便在陆地上形成热低压区,而在海面上形成稳定的高压区,由此而产生由海洋刮向大陆的季风。

另外,春季暖空气活跃,迫使北方的冷空气后退,出现冷暖空气变换,造成地面温度较高,而高空温度下降的现象,致使大气层很不稳定。这也是春季爱刮大风的另一原因。

## 能否用沸水把水烧开?

拿一个小瓶(普通的小玻璃瓶或药瓶),在里面灌些水,把它放在一个架在火上的清水锅里。为了使小瓶不碰着锅底,应该把小瓶挂在铁环上。当锅里的水沸腾的时候,似乎瓶里的水也会跟着沸腾。然而奇怪得很,不论你等多久,也不会出现这个结果:瓶里的水会变热,甚至会非常之热,但是总不会沸腾。沸水好象没有足够的热量把水烧沸似的。

这种结果似乎是出人意料,其实要是懂得了液体汽化的知识,这也是意料之中的事。为了把水烧沸,光是把它加热到100℃是不够的,还必须再给它很多热量,才能使水从液态变成气态。

纯水在100℃时就会沸腾。在通常的条件下无论怎样对它再加热,它的温度不会再上升。这就是说,我们用来对瓶里的水加热的那个热源的温度既然只有100℃,那么它能使瓶里的水达到的温度也只有100℃。这种温度的平衡一经来到,就不会再有热量从锅里的水传到瓶里。

因此,用这种方法来对瓶里的水加热,我们就不能使它得到转变成蒸汽所必需的那份额外的“潜热”(每100克100℃的水还需要539卡的热才能转变成蒸汽)。这就是小瓶里的水无论怎样加热总不能沸腾的缘故。

你也许会问,小瓶里的水和锅里的水究竟有什么区别呢?要知道在小瓶里的也同样是水,只不过同锅里的水隔着一层玻璃罢了,为什么瓶里的水就不能同锅里的水一样沸腾呢?

这是因为这层玻璃阻碍着瓶里的水,使它不能同锅里的水一起对流,锅里的水的每一个分子都能直接跟灼热的锅底接触,能吸收更多的热使其本身汽化。然而瓶里的水却只能同沸水接触,由于瓶内外温度相同,彼此不能进行热交换,故瓶里的水不能汽化,也不能沸腾。

可以用沸腾的纯水来烧沸水是不可能的。可是如果向锅里撒一把盐,情况就不同了。盐水的沸点不是100℃,而是略微高一些,因此,也就可以把瓶里的纯水烧沸了。

## 何以能“赴汤蹈火”?

你可能听说过“赴汤蹈火”的把戏吧。表演者当场把一只潮湿的手指伸进熔融的铅液里,然后以极快的速度拔出来,安然若素,有的演员以骇人的勇气,竟然光着脚,在烧红的木炭或者铁板上行走,其落脚处“嗞嗞”作响并腾起阵阵水汽,令人毛骨悚然。据记载,有人创造了在一排燃烧着的木炭(温度高达650℃)上步行了7.5米的纪录,还有的专业表演者甚至能舔一根热得发红的钢棒.

你可能以为这些演员的手指或者脚底上涂抹了什么神奇的

保护剂。其实，这是误解，他们什么也没有涂。这种神奇的表演是靠了蒸汽的绝热作用。原来当潮湿的手指迅速插进高温的铅溶液时，手指上的水马上受热汽化，在手指周围形成一个很薄的蒸汽层，在极短的时间里，它起到了很好地绝热保护作用，以隔绝铅液把大量的热传给手指，“蹈火”的表演者完成这个骇人动作的关键是他的脚底上一定要有足够的汗水。这样，当脚底同炭火接触的时候，汗水迅速汽化，形成一层蒸汽膜，起到了瞬时保护作用。行走之间流出的汗水，供继续汽化之用，使演员能安全行走几米之远而不致烧焦皮肉。不过你自己如果没经过特殊训练，切不可冒然从事！

还有一道名菜叫做糖酥活鱼，你看那技艺高超的厨师，很利落地将活鱼剖肚除脏，再和以调料，将鱼身随即放入高温油锅内，只听见几声叮哨响，一条色香味俱佳的糖酥鱼便做成了。令人惊讶的是，那鱼还在盘中摇头摆尾，张嘴鼓腮呢。诚然，鱼的头尾未经油锅的热处理，但如若不是鱼身难以传热的话，鱼的首尾怎么还能动弹呢？

## 对流原理在冰镇食品中的应用

对流原理对冰镇食品也大有作为。你说，冰是放在食品上面好，还是放在下面好？你也许认为，“当然应该把食品放在冰上好啦”。这恰好错了，这只要用对流原理来分析一下就明白了。把食品放在冰上面，冰上的空气密度变大而下降，因而四周的热空气便不断地过来补充，结果食品周围始终保持比较高的温度，只有直接和冰接触的地方温度才稍低一些而已，这当然达不到冰镇的目的。

然而，把食品放在冰下，情祝就不同了。被冰冷却的空气不断下沉，食品的热量传给冷空气，冷空气变热以后又会上升，这样冷热空气便形成对流，使食品的温度降得很低，好像给它套上一个冷气罩子似的。

## 令雪山献水

太阳的表面温度有六千多摄氏度，内部高达几千万摄氏度，是一个巨大的热源。太阳和地球之间近似于真空，太阳的热是通过辐射传到地球上来的。

所有的物体都能辐射或吸收热，但是本领的大小，跟它们表面的颜色和光滑程度有关。下面做两个实验证实这一点。

找两个同样的铁罐，分别涂成黑色和白色，并且两个铁罐都装满温度相同的热水，各插入一根温度计，然后把它们放在同一个台子上，使它们的传导和对流的条件完全相同。但是，黑罐的水温比白罐的水温下降得快，说明散失的热量多。该实验说明，表面黑暗的物体善于辐射热，而表面白亮的物体不善于辐射热。因此，需要减少辐射的高温设备，比如蒸汽导管等，其表面都涂成银白色。

将上面的两个铁罐里装满相同温度的冷水之后，一起放到阳光下，你便发现黑罐里的水温比白罐里的水温升得快，吸收的热量多。这说明，表面黑暗的物体善于吸收热量，表面白亮的物体善于反射热。因此，夏天穿浅色衣服比穿深色衣服感到凉爽。

利用黑色物体善于吸热的道理，可以叫雪山献水。例如，我国西北高原的祁连山上终年白雪皑皑，但是它周围的土地却因缺水干旱而荒芜。解放以后，人民政府派出征服雪山的工作队，带上大量的炭黑，撒在整个祁连山上。由于乌黑的炭黑大量吸收来自太阳的辐射热，使得冰融雪化，终于使祁连山滚滚的雪水，灌溉周围的良田。

## 火烧云是怎么回事？

每当夏天的拂晓，在东方的地平线附近，往往出现一片火红的云，这样的白天会是晴天。有人解释说，这是太阳之火把云烧掉了，因此在清晨以后云便消失了，变成了娇阳似火的大晴天。这究竟是怎么回事呢?这是从太阳射来的可见光照到云上，大部分都穿过云层射到地面被吸收。当地面变暖时，它的热辐射(长波的光)增大了。当云吸收了这种辐射时，云顶部和底部之间的温差足以产生湍流，是这种湍流把云破坏了，并非火真的把云烧毁或是吃掉。

## 冷致粘附

人们在冬天接触冷的金属器件，或接触刚从冰箱中取出的一只冰冷的金属盘，可要十分当心，这时很容易使你的手指粘在这些金属物品上，甚至会剥落一层皮肤。有人以此用一种恶作剧来逗无知的孩子，唆使其用舌头去舔它们，这更危险，往往会粘掉舌上的皮肉。这是由于金属是热的良导体，它会使手指(舌)上的水分迅速地冷却而结冰，金属通过冰层把皮肤紧紧地粘在一起。遇到这种情况，如果触摸的是碗、盘之类的轻小物体，可把碗、盘等物一齐都浸在水中。待手上的冰融化后再拿手于水外，便可免受皮肉之苦。

## 冰怎样包装好？

为了搬运冰块，最好把它用一张湿纸包裹起来，便能使冰在较长时间内处于冰冻状态.这时外界的热量必定要通过水层来传导，我们知道水是不易传热的，因而减少了传递给冰的热量。

## 核爆炸带来的灾难

在核爆炸对生命产生的多重危险中，可能以最终产生的熊熊大火最危险。一枚一百万吨级的核弹至少可以使15公里半径内的一切可燃物荡然无存，都淹没在火海之中，造成毁灭性的破坏。火灾是由核爆炸的火球发射可见辐射和红外线辐射所造成的。在爆炸后约1秒钟内(开始约$5\times10^5$K)所发射的大部分电磁辐射是紫外辐射。但是紫外光很易被空气吸收，所以它仅局限于爆炸中心的极近范围。当火球扩展而冷却时，发射的辐射便向长波变化，这时较多的电磁辐射就是可见光和红外线辐射。这些辐射都能透过空气，因此火灾的危险性不是在刚爆炸的瞬时，而是在引爆后2～3秒后的较长时间里。

实际上，如果你在离爆炸中心数公里之外的地方，有足够时间(约3秒钟左右)躲在障碍物后面保护自己免遭直射光的照射，就能减轻皮肉被灼伤。在广岛、长崎有一些例子就说明，未遮蔽的皮肤严重烧伤，而有衣服遮蔽的皮肤却基本上未遭烧伤。

## 沸水神裁法的奥妙

日本的神道教有一种隆重的仪式称为汤花仪式，或称之为沸

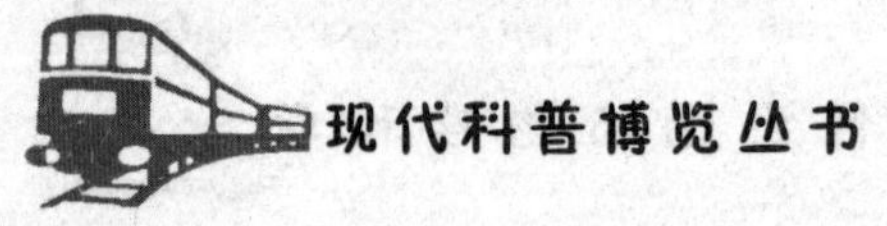


水神裁法，堪称为东方最惊心动魄的魔术之一。

在汤花仪式中，执仪者走近一只盛满开水的大锅，突然把两簇细竹插入沸水中，再用力把水甩得很高，落下来的水都淋在他的头、两肩和臂膀上。当水落到锅下面的火上时，就产生噼噼啪啪的尖锐的响声并腾起大团的蒸汽。这种令人望而生畏的表演一直继续到锅中的水几乎没有时方才平静下来，惊得观众个个目瞪口呆。此时由于执仪者经过如此严峻的考验而安然无恙，足以显示出神道教的巨大法力。这里究竟有什么诀窍呢？

其实，看起来锅里的水很热，但是实际上水并未达到沸腾的温度。当表演者把热水甩到空中的时候，水就分散成许多微滴，这些微滴在到达皮肤之前已经有点变凉了。如果表演者在整个表演过程中一直出汗，那么汗水会保护他的皮肤免受水滴烫伤之害，看来诀窍就在这里了。

## 沸水永远是烫的吗？

大家都知道水是在100℃沸腾，可是，不要忘记这是在一个大气压下的沸点。如果在高山上煮水，水的沸点要降低。这里由于随着高度增加，气压降低，沸点也要相应地降低。如在瑞士的伯尔尼，平均气压是713毫米水银柱高，水的沸点在开着的器皿里是98℃；在欧洲的勃朗峰，气压是424毫米水银柱高，沸水的温度是84.5℃。大约每上升1千米，水的沸点要下降3℃。由此我们就可判断在11,000米的高处，水的沸点应当是66℃。由此看来，我们可以用沸点来测高度。它叫做测高温度计，或者叫做沸点测高器(仪)。

相反的，在气压比地面高得多的深矿井的底部，那里水的沸

点要高于100℃,可以得到十分热的沸水。例如在300米的矿井里,水要到101℃才能沸腾,在深达600米的矿井里的沸点是102℃。

在蒸汽机的锅炉里,由于气压很高,所以它的沸点也极高。例如在14个大气压下,水的沸点是200℃。反之,在空气泵的罩子底下,那里的气压很低,在20℃的普通室温下就可以使水剧烈地沸腾起来。

由此看来,水的沸点是随着外界气压的变化而变化的,即便是沸腾的水也不一定会烫手。

## 热带地区的人为什么爱穿白色衣服?

住在热带地区的人特别喜欢穿白色衣服,不喜欢穿深色或黑色衣服。这是为了保护穿衣者免受太阳光的直接照射。黑色衣服比白色衣服能更多地吸收可见光与红外光,因而在炎热的气候里应该穿白色衣服为好。由于出汗和蒸发时可以使皮肤凉爽,所以衣服的布料应该多孔和透水。但是在某些地区,衣服应该密实一些,防止穿衣者过多地脱水。例如在中东沙漠地区的阿拉伯人,从头到脚都用布和长衫严严实实地遮盖起来,甚至穿上很多件衣服,是为了减少人体中水分的过量蒸发。

## 用铸铁锅烹调有什么好处?

随着科学技术的发展和人民生活水平的提高,轻便的铝合金炊具已逐步代替粗老笨重的铸铁炊具。但是如同一切事物都各有利弊一样，合金锅由于受热太快且不均匀，食品易烧焦并易粘锅底，故使用起来颇不方便。

精于烹调鲜美食品的厨师部认为：使用铸铁锅烹调食物不易粘底，并且烹调得较透和、均匀。这是由于大而厚实的铸铁与薄合金相比，锅底的温度分布比较均匀些，因此在煸炒食物时能保持鲜嫩可口，制作挂浆食品更是透而不焦。然而薄钢锅在炉子的正上方会形成一些热斑，这些热斑往往会引起食物粘底。

另外，铁元素是人体生长和维持生命不可缺少的元素。如果长期使用铝质炊具，人体便会摄入过量的铝元素，对人体有害无益，比如影响人的智力，使老年人发生痴呆症等。由此看来，审慎、科学地选择炊具是生活中的一门学问。

## 季节的滞后现象

夏暖冬冷是因为夏天地球离太阳最近，冬天地球离太阳最远吗?实际情况并非如此。比如，北半球的冬季是冷的，这并不是因为地球离太阳较远(相对来说，地球实际上离太阳较近)，而是因为地轴的倾斜使白天缩短和太阳在空中的位置降低的缘故。由于这两个原因都会减少白天积存在地球表面上的热量。可是，由于地面和大气的降温要花费一定的时间，因此温度的变化比这些因素的变化要滞后一个月。例如，最冷的月份不是在12月而是在1月；同理，最热的月份不是在6月而是在7月。

## 航天舱外活动的温度

宇航员按照预定的指令要到舱外进行各种活动和实验。宇

航员迎着太阳的一面会吸收热辐射,因而使他变热,但是他的整个表面还要辐射热量。因此,宇航员的外套受太阳光照射的一面会变暖,而外套不受阳光照射的一面会变冷(为了调节宇航员全身的温度,外套都有空气调节装置)。如果宇航员手里拿着一只温度计,它的读数应由向着太阳的一面的大小而定。

## 有争议的“温室效应”

设计和建造温室,总是以使植物保持在温暖的环境中为目的,因此室顶要用透光好的玻璃或塑料薄膜来覆盖。大气污染是由地球上矿物燃料在燃烧时产生的污染物质造成的。污染物质中的一半是二氧化碳,其余的是一氧化氮和甲烷等气体。它们在地球周围呈透明状,笼罩着大地,使整个地球变成了一个庞大的温室。按照“温室效应”的原理,由于这层污染气体阻止地球热量向太空散发,因而导致气温增高,使气候有变暖的趋势。据推测地球上每10年的平均气温至少上升0.3~0.8℃。在热带和南北极地区里,气温将上升5℃。由于气温上升将使极地的浮冰在夏季融化,海平面在今后50年内上升20~150厘米,全世界大约有30%的大城市肯定要受到影响,其中包括美国东部海岸、荷兰、地中海地区、亚洲东部和南部沿海地区、太平洋东部和南部等地区。

“温室效应”带来的其他影响有:水的蒸发量增大将威胁到水的供应;降水量会减少并影响一些地区的农业,从而导致人口转移,还可能使人们涌向城市;北欧,北美和西伯利亚的冰封海域水温上升将具有军事影响,如果这些海岸线能够通航,就能重新调整基本的安全措施;加拿大北部和西伯利亚的永久冻土带将逐渐消失;鱼鲜的游栖会发生变化;一些植物和动物的种类将会绝迹。

由此看来，“温室效应”的后果引起的气候变化对诸如水利资源、海洋和陆地生态系统、人类生活及健康以及沿海地区经济发展等重要领域将产生何等重要而深远的影响啊！

为对抗“温室效应”对自然界和人类带来的灾难和由此引起的社会动荡，必须采取有效地避免“温室效应”危害的具体措施。如控制以煤为动力的电站及其他设施，大幅度地降低二氧化碳的排放量，改变燃料结构，开发核能、太阳能等其他能源等。

对于“温室效应”也有另外一种相反的观点，认为污染形成的气体层不会带来升温，相反会使地面冷却，甚至可能导致另一次冰河时期。持这种观点的人强调指出，所谓“温室效应”通常是被误解了。温室的暖和作用不是由于玻璃截留了任何辐射，而是因为减少或消除了由空气流动所产生的冷却作用。事实上，玻璃是在减少透入暖房的辐射量，而不是由于截留作用而使内部的辐射量增加。至于地球周围的污染层对于太阳辐射中短波长的透射度比长波长要大一些，所以地球外的大气层可以截留辐射。透过大气的短波长辐射中，有一部分辐射被地面吸收，从而使地面变热。此后，地面再发射出次级长波辐射。因为大气对次级长波辐射的透光性不好，一部分次级长波辐射就被截留在大气中。因此，被大气层截留的次级长波辐射和透过大气使地面发热的短波辐射比来自太阳的辐射总通量要小，而不是增加。这一方面的论述，在霍伊尔所著的一本杰出的科学幻想小说《黑云》中可读到，他详细地描述了云层对投射到地球上的太阳光的影响，引起了人们的极大兴趣和广泛地关注。

两种观点，孰是孰非，尚需人们对大自然作更进一步地观测，才见分晓。不过，目前多数倾向于地球气温将上升的见解。

# 人感到冷是怎么回事？

冬季在室外活动，人们很自然地觉得冷，会习惯性地增添衣服，在北风凛冽的天气里，还会换上毛皮衣服。这种习惯性的保护动作，是符合科学道理的。因为在风小或无风的情况下，热量损失大部分是由热辐射造成的。任何物体在它的温度超过绝对零度时就辐射热量，温度愈高，它辐射的热量也愈多。物体还从外界吸收热量，获得的热量决定于外界的温度。因为冬天体温总比环境温度高，因而就有净辐射损失，温差越大，净辐射损失也越多，你就感到越冷。

天冷时穿毛皮外衣是抵御严寒的良好装备，因为在蓬松的毛中蕴藏着大量空气，即所谓气阱，气阱是热的不良导体。特别是把毛皮翻到里面穿上，即便是在有风的天气里也很难破坏毛皮中孤立而不流动的气阱，因此毛皮衣服的保暖性很强。

人们通过调节饮食和调节皮肤的血流率，就可能持久地适应寒冷的气候。比如爱斯基摩人的饮食，比生活在较低纬度地区的大多数人的饮食，更富有蛋白质，这是为了维持较高的基础代谢来抵御寒冷。当年达尔文在南美洲雅甘见到印第安人在接近0℃的气温下只不过在肩上披着一件毛皮斗篷，他们在晚上甚至赤身裸体也睡得很香，这种长期的顽强的适应性的确是罕见的。

为了防止热量通过皮肤迅速地散失，皮肤上的毛细血管就发生强烈的痉挛性的收缩。如果肢体的温度降得太多，人就会哆嗦，这种本能性的动作会使人体暖和起来。

## 城市的热岛

久居闹市的人偶尔到郊区走走，往往觉得农村的温度比城市要低一些。经有关部门统计测算，低5～10摄氏度，城市气温的分布，即所谓“城市的热岛”。这是气象工作者对大小城市所画的城市气温分布图。造成这种现象的原因很多：比如城市中水分蒸发较少，这样就可减少由于水分蒸发而损耗大量的热；城市铺设路面的材料和建筑材料储存的热量比土壤储存的多。城市有高大而复杂的建筑物，阻碍空气对流，所以风通常也较小；还有城市上空弥漫着浓重的灰尘和烟雾，等等。这种城乡之间的温差，不仅影响城市人们的生活和穿着，对植物的生长也有作用，春天城市的树先绿，花先开。

## 用冰箱冷却房间合算吗？

在炎热的夏天，有人曾试图打开冰箱的门来冷却房间，这样做合算吗？

打开冰箱门可以使你刹那间感到凉快，但此时冷却系统力图再冷却内部。电动机释放出的热量比释放出来的冷空气所吸收的热量还要多，因此房间甚至会变得更热。然而，有人认为可以暂时偷巧，一打开冰箱的门就拔掉冰箱的通电插头。不过这样做，一是冰箱里的冰镇食品就不再保持冷冻了，二是再启动冰箱的电机时，仍然要放出较多的热量。

## 能否用雪水烧沸水？

上面我们讲到不能用沸水来烧沸水，那么能不能用雪水来烧沸水呢？让我们先来做个实验。

在小玻璃瓶里装上半瓶水，把它浸在沸腾的盐水锅里，等瓶里的水沸腾了，就把瓶子从锅里拿出来，很快地用塞子塞住瓶口，再把瓶子倒过来. 等到瓶里的水不再沸腾时，可重复用沸水来浇瓶底——我们已经知道水不会再沸腾起来。可是如果你在瓶底上放一些雪或者用冷水来浇瓶底，这时你就会发现水又重新沸腾起来。在这里，雪竟然做了沸水所不能做到的事情，岂不怪哉！

尤其叫人莫名其妙的是这个瓶子摸上去并不特别烫手，只是感觉有些热罢了。然而你的确亲眼看到水是在沸腾啊！

这里的秘密在于雪把瓶壁冷却了，因此瓶里的蒸汽就凝成水滴。另外瓶在水锅里沸腾时，瓶里的空气已经被赶了出去，这时瓶里的水受到的压力要比以前小得多。我们知道，当加在液体上的压力减小时，它的沸点就会降低。因此在这个瓶里，虽然也是沸水，但是并不怎么烫手。

如果瓶壁非常薄，那么瓶可能会因蒸汽的突然凝聚而被压瘪，这是由于外面空气的压力远大于瓶内的反抗力的缘故。最好用盛煤油或盛植物油的马口铁皮箱来做这个实验，用这种箱子烧沸一点水以后，把箱盖旋紧，再用冷水浇它。由于上面说的箱内外的压强差，铁皮箱会被压扁，像用重锤击过一样。

## 云、雾是水蒸气吗？

每当厨房里蒸馒头或蒸米饭时，总是雾气蒙蒙的。乘全天候客机穿云破雾地飞行时,也有此感,通过机舱的舷窗向外望去,一片白茫茫的什么也看不见。因此有人说:"所谓云、雾就是地而上蒸发到空气里的水蒸气,飘浮在高空的是云,靠近地面的是雾。"

谈到这个问题每个戴眼镜的人均有同感,当在寒冷的冬季从室外进入温暖的室内时,镜片立即蒙上一层"哈气(水气)",好多人都认为这也是水蒸气在作祟。

其实,上述看法纯属误解,真正的水蒸气都是无色的,是看不见的。厨房里的雾气,镜片上的"哈气",都是由小水滴组成的,因此不能叫做水蒸气。

那么,镜片出现的"哈气"究竟是怎样形成的呢?如果室温是20℃,空气的相对湿度是70%,在室内戴眼镜的人的镜片温度也是20℃,当然水蒸气就不会在镜片上液化。冬天从室外进入室内的人,镜片的温度要比室内低得多。在这样的低温下,镜片附近空气里的水蒸气除立即达到饱和外,还多出大量的水蒸气附在镜片上并液化成小水滴,这就是通常所说的"哈气"。因此,"哈气"是没有饱和的水蒸气遇冷后变成饱和汽,并且在镜片上液化的小水滴。

同样,云和雾也不是水蒸气,它主要是由水蒸气液化成的小水滴。只要空气中的水蒸气超过饱和,多余的水蒸气就会液化成水滴。

如果温度低于0℃, 超饱和的水蒸气还会直接变成冰晶小颗粒,这种从气态直接变成固态的过程,就叫做"升凝华",因此雾中,特别是云中,还常常有无数的小冰晶。

是不是空气里的相对湿度达到百分之百,水蒸气就能液化成水滴或凝华成冰晶呢?实际情况并非这样简单。如果空气里没有细小的尘埃等物体,即使水蒸气达到饱和甚至超过饱和也不会形成水滴或冰晶。只有在空气超过饱和,又存在大量微小尘埃的条

件下，水蒸气才会附在尘埃上液化成水滴或者凝华成小冰晶。这些半径只有万分之几厘米的小水滴和小冰晶飘浮在空气里并密集在一起时就形成云和雾。

云悬浮在高空，雾滞留在地面附近，因此有人说，雾只不过是靠近地面的云。由于靠近地面的水蒸气难得达到饱和，所以雾不像云那样经常出现罢了。

地面上含有水蒸气的暖空气密度小，总要不断地上升到温度较低的高空，冷却到一定程度，水蒸气就达到饱和，这时如果有灰尘等微粒存在，水蒸气就附在上面液化或者凝华，形成了高空中的云。

空气的相对湿度越大，含的水蒸气越多，就越容易饱和，形成的云比较低而浓厚，使人有黑云压顶的感觉。反之，空气干燥，相对湿度小，就不易饱和，形成的云比较高且稀薄，有天高云淡之感。如果空气干燥得达不到饱和，就不会形成云。无怪乎，在沙漠地区，经常是万里无云哩。

早晨下雾时较暖和是怎么回事?这是由于水蒸气液化成雾滴时会放出大量热的缘故。这和液体汽化吸热恰好是相反的过程。

## 云是雨的娘

农谚说："云是雨的娘"。但是天空乌云密布并不一定会下雨，往往乌云顶上出现薄丝绵状的白云之后，大雨才倾盆而下。这是什么道理呢?

原来云有两类，由0℃以上液化而成的小水滴组成的云叫做暖云，这是一种低而浓厚的乌云；由0℃以下凝华而成的小冰晶和过冷水滴组成的云叫做冷云，常呈绢丝状，乳白色。

“云是雨的娘”，但是要云孕育出滂沱大雨或者鹅毛大雪，必须先使小水滴和小冰晶“婚配成亲”，使其不断增大体积和重量。这大致有两种方式：一种是小水滴和小冰晶随着气流的升降，彼此碰撞、合并，成为比较大的水滴或者冰晶。另一种是水蒸气分子从小水滴不断地向小冰晶扩散，扩散的结果是，最后小水滴消失，小冰晶的体积和重量越来越大，成为小雪花。雪花再吸收水蒸气，逐渐变大，当大到空气的浮力托不住时，便纷纷落下。

如果下面空气的温度高于0℃，雪花落下来就融化成水滴，落到地面就是雨；如果下面空气的温度低于0℃，雪花就一直落到地面上。

明白了上述道理，就可以判断是否会下雨了。有时尽管天空乌云低垂，却没有降雨，这是因为乌云里只有小水滴，没有冰晶。一旦乌云顶上出现丝丝白云，说明已经有了小冰晶，可能很快下雨了。

人们同干旱作斗争的重要手段之一是人工降雨，它的道理也是这样的。当用飞机或者火箭把干冰撒入只有小水滴的云中，使水滴降温而形成大量的小冰晶，由此便具备了下雨的条件。

## 切而不断的冰块

你能相信吗，用铁丝不但能切开豆腐、肥皂之类的软东西，也能切割冰块?不过只能切过，但不能切断。这种说法，怀疑者有之，反对者亦有之。“既然是切过，为什么不能切断呢?”“冰那么硬，用铁丝根本就切不动。”众说纷纭，莫衷一是。还是让我们通过实验来作证吧。

把一大块冰，用凳子架起来。然后用细铁丝绕过冰块，两头

拧在一起,下面挂一个重物。过一段时间,只见重物拉着铁丝圈慢慢地向下运动,从冰块中切过,直到从下面脱出。令人奇怪的是,冰块真的没有被截成两段,切口处完好无损,在事实面前,大家面面相觑,目瞪口呆。但是为何切而不断呢?

这个实验引起了小周和小张的浓厚兴趣.面对实验,机灵的小周抢着说:"我看奥妙就在于挂了重物,铁丝下面的冰受到的压强增大了。我记得有本书上说,固体的熔点随压强增大而升高。"

"什么?冰的熔点是0℃。现在的气温是1℃,可是冰溶解了,这不是熔点降低了吗!"小张反驳道。

"那就是压强增大,熔点降低呗,"小周赶忙补充道。

其实,小周两次说的都对,问题是没有具体指明是对哪种晶体。凡是熔解时体积膨胀的物质,熔点随着压强的增大而升高,绝大部分晶体都是这样;凡是溶解时体积缩小的物质,其熔点便随着压强的增大而降低,冰、灰口铁等就属于此类。实验表明,冰所承受的压强每增加1个大气压,它的熔点大约下降0.0075℃。铁丝能够切冰而过,确实是铁丝上挂的重物起了作用,使铁丝下面的冰的熔点降低了。

噢,原来冰能被切是由于压强增大,熔点降低的缘故。那么,为什么冰块切而不断呢?小张不解地问。

"这很容易解释,铁丝向下切冰,上面的水又处于大气压下,而且气温低于0℃,于是又重新结成了冰,而把被切开的冰块重新连接起来。"小周对此进一步作了说明。

冰的熔点随压强增大而降低的现象,只要细心观察并不难发现。比如滑冰者的冰刀在冰面上划过时,也能切开冰面,使刀口下面的冰融化成水。正是有了这 层水的润滑,滑冰者才能滑溜如飞,其动作是很矫健而优美的。如果滑冰人的体重是60千克,冰刀的刃部同冰面的接触面积是52mm,刀刃对冰的压强约为1200

大气压，那么在这个压强的作用下，冰的熔点会降低到-10℃。当然，如果气温比这个温度还低，冰刀下的冰很难熔化，滑冰就很困难了，经常滑冰的人都有这个经验。

滚雪球是北方寒冷地区的小朋友经常爱玩的游戏。雪花本身并不潮湿，彼此也没有粘附作用，纷纷扬扬，漫天飞舞。但是，雪球为什么会越滚越大呢？这还是由于冰雪的熔点随着压强的增大而降低的缘故。雪球不断地滚着、压着，被压的雪就融化成水。因为气温在0℃以下，水又马上结成冰，使雪球被包在一层薄薄的冰壳里面，因此雪球就越滚越大了。

做雪球也是这个道理，在用手捏时融化了一层雪，再结冰而成。当然气温很低是做不成雪球的。

## 神奇的“冰力”

在严寒的北方，放在室外结实的水缸、坛子等，当里面的水结冰后，很容易把它们撑破，可见结冰时会产生何等巨大的力啊！水凝成冰，体积比原来要胀大10%左右。因此，如果不许它膨胀，就会对限制它的物体施加很大的压力，此乃“冰力”也。

据实验，在1个瓶壳厚度是1厘米的铸铁瓶里灌满水，密封以后投入到温度很低的制冷剂中，由于水结冰体积骤然膨胀而产生的“冰力”竟使铸铁瓶涨裂了！无怪乎，我国的东北一带，汽车、拖拉机等机械的水箱冬天要放掉存水，自来水管要深深地埋在地下，否则“冰力”就要大显威风，那是很危险的。

“冰力”如同其他事物一样，有弊也有利。比如流入岩石缝里的水结了冰，可以把岩石劈开，并促使岩石进一步地风化。土壤中的水份结成冰，体积膨胀，这些硬土块，你推我挤，地面变得高

低不平。待到大地回春,化冻之后,土壤里就出现了很多空隙,显得格外疏松。

人们爱吃的冻豆腐,也是这个道理制成的。这是由于豆腐里有很多水分,储存在豆腐中的无数小孔内。水结冰以后体积变大,各个小孔互相挤压,使豆腐变成网络状。当冰溶化时,被压缩的豆腐不能恢复原状,因此在冻豆腐里便有许多蜂窝状的小孔。

## 有趣的树挂

在有雾的隆冬季节的早晨,树木往往被银装素裹,在阳光下亮亮晶晶,妖娆妩媚,煞是美丽动人。这就是人们常说的树挂,它的结构较松,是由水蒸气凝华而成的冰晶颗粒。不过,美景不长,它最怕长久地见太阳,天一暖和,便劈劈啪啪地掉下来。

有时还会下一种奇怪的冻雨,在天空中降落的是雨滴,但落到地面上却是冰粒。冻雨落在树枝、电线上便马上结成一层晶莹透亮的冰层,慢慢地挂下来,形成一条条冰柱。于是大街、小巷变成了冰的世界,宛如座座冰帘洞。

那么,树挂和冻雨各是怎样形成的呢?原来,水结冰,除温度这一条件外,还要求水里有冻结核,像尘埃颗粒等。在云层中已经发现有温度为-30℃的水滴,即对于非常纯净的水,温度降到摄氏零下几十度也还不结冰。有的科学家做过实验,把高纯度的水静置冷却到-70℃,还没有冻结。这种远低于冰点还没有冻结的水,叫做过冷却水。普通的水里,都含有不溶于水的杂质,也就是存在着冻结核,所以到0℃就开始结冰了。对于过冷却水,只要在里面放入少许的冰屑或者其他杂物屑粒,于是水分子就有了结晶的核心,便立刻冻结成冰、树挂和冻雨,就是过冷却的雾和水,落在温度较低的物体上冻结而成的。

## 纸锅能烧水吗？

锅一般是用铁或铝制做的,用纸来做锅烧水,煮蛋,有人一定会认为这简直是不可思议的事情。好啦,让我们还是先来做个实验吧。用厚纸做一只锅,然后装上水并升火烧起来,不一会纸锅里的水果然被烧开了。周围原先怀疑的人,顿时也像沸腾的水似地议论开了,人人惊呼,真是奇迹啊!

其实,有了一定的热学知识,这是不足为奇的事。因为,可燃物体都有一个着火温度,叫做燃点。物体只有加热到燃点,才会燃烧起来,否则是不会起火的。用纸锅烧水的奥妙就在于:在烧水的过程中,纸随时把它所获得的热传给水。沸腾以后,水要汽化,更需要大量地吸收热。我们知道,在1个大气压下,水的汽化热是539千卡/千克。由于水的沸点在1个大气压下始终保持在100℃,而纸锅的温度也并不比100℃高多少,还远远达不到它的燃点,当然不会燃烧。你看这个所谓的奇迹,又是汽化(沸腾)所造成的。

## 热水和冷水谁凝固得快？

处在温暖地区的一般人凭想当然的印象,往往以为冷水要比热水凝固得快,然而处在加拿大和冰岛的寒冷地区,放在户外的热水却比冷水凝固得快,这已经是当地居民的生活常识了,甚至连弗朗西斯·培根都得出同样的结论。你如若不信,可以利用冰箱马上进行实验,每次实验都是热水先凝固。

原因在于开始时热水蒸发较多。如果把质量相同的热水和

冷水在结冰天气放在室外,并打开热水容器的盖子,热水由于蒸发会使容器内剩余水的质量减少。因为要冷却的水的质量少,致使容器内的水能够赶上原先比较冷的水的冷却速度并较快地达到凝固点。实际上,冷却速度还与容器的结构、容器上方及水中环流情况多少有点关系。这个结论尽管在高寒地带,如加拿大等地是众所周知的事实,但对处于温暖气候的人们来说,总认为是很神秘的。这就只有借助于实验才能解除这种疑虑了。

## 滑雪的道理

当人们看到滑雪者滑行如飞的雄姿时一定赞叹不已罢。然而你可曾知道他们为什么不能在地面上做这些动作呢?这是因为在滑雪时,由于滑雪板与雪的摩擦作用而融化了一层薄雪,使滑雪板与雪之间出现了一层薄水,滑行者就靠这一水层而滑行。就制造滑雪板所用的材料而论,不管是金属还是胶木,对于融化并没有直接的关系。可是,因为金属板的导热性能好,则热量会损失太快而不能维持水层。而胶木(或木制)板导热性能差,足以维持水层。如果雪的温度远低于熔点,就不会有水层,为了减少摩擦力,滑雪板必须涂上蜡。

## 雪　崩

雪崩是很严重的自然灾害,其破坏力是很大的,在一场干年雪崩中,位于崩坍的雪团前面有一大片雪粒组成的雾,雪团以高达每小时300多公里的速度从山坡上冲下来,并伴有巨大的力量足以摧毁大树、房屋和钢铁桥梁之类的建筑物。据说,有一名滑雪者遇到了一次雪崩。滑雪者和雪崩块都以如此的高速到达山脚下,由于压缩的缘故,致使山脚周围的空气变得热了起来,因而融化了一部分雪。可是,几分钟内融雪又再度冻结成冰,当他被救护队发现时,不得不动用锯把他从冰中解救出来。

## 雪用轮胎的花纹形状

你注意一下北方严寒地区,为了保证安全行驶,车轮上往往要安装专用的轮胎。它有一块块突起的特殊花纹,这有什么好处呢?原来是当轮胎上一块块的突出物被汽车的重量产生的压力压进雪里时,由于汽车的重量分布在突出物的较小的接触面上,使压强骤然增加,因而可将突出物正下方的雪或冰融化。如果这时路面上再撒上沙子,便可将沙子嵌入雪或冰中,对防止轮胎打滑是很见效的。不仅轮胎如此,滑雪靴的底也有类似的突出物,它起着同样的作用。

## 雪花的对称性

人们爱雪,不仅是因为它白得晶莹剔透,而且它的外形具有对称美。只要你注意观察,便会发现雪花是六角形的(或呈六角星状),它的结构为什么具有严格的对称性呢?这是由形成雪花的水分子有六角形的结合键所决定的。一旦原始晶体形成(这往往是由杂质的颗粒作为结晶核引起的,在这里结晶核充当了吸引分子

的一个起点),水蒸气分子就会扩散并集合到晶体的这些角上。这样,晶体开始向外生长而形成分支,因此雪花具有六角形结构。

## 海水结冰后为何能淡化?

北极的爱斯基摩人知道海水新近冻结的冰含盐太多,既不能吃,也不能熔化后饮用,但海水形成的冰过若干年之后就会淡化。他们还发现,如果把海水结的冰拉到岸上来与海水分开,那么去盐的过程就会加快,尤其是在春夏季节暖和的几个月中这项工作更有效。这却是颇为费解的事,因为气候暖和加速了水分的蒸发,本应使含盐量增加,为什么反而会减少得更快呢?

这是因为冰块中的盐水(盐水溶液)在水凝固过程中被搁置在许多小槽里。它们因重力作用会向下流动,也会因逐步融化和再凝固而向冰块中较高温度的地方流动。后者通常也是向下流动的,这是因为冰块不论是飘浮在海面上(海水凝固时放热,故其温度比它上方的空气暖和)还是放置在地面上(地面也比空气暖和),下面的温度都较高。盐水由这两种效应的影响而从冰块中排出,大约一年后,冰水就变得可以饮用;几年以后,它就几乎不含盐分了。在暖和的季节,地温升高,更加剧上面说的效应,故海水淡化会加速进行。

## 烤肉的绝招

人们为了把肉烤得熟一些,可以把一根金属棒戳入肉中,由于热量由此传入肉的内部比由肉本身传入快,因此使肉熟得快一些。然而,有一种叫做“灼热棒”的器具,它不是实心的金属棒而是空心的金属管,管内盛水并装有一很管芯。为什么有如此装置的空心管比实心棒好呢?

这根金属管较粗的下端,从烤箱中吸取热量并使管内下端的水升温,水吸收热量后变成水蒸气。水蒸气沿着管子上升到插在较冷的肉里面的管子上端。在这儿水蒸汽凝结,释放出水变为蒸气时所吸收的潜热。随后,冷凝的水又沿管子向下流动,开始循环。由于从液态到气态的过程中吸收了大量的热,而在从气态到液态的过程中又把吸收的热量统统地释放出来,所以传递到肉内部的净热比通过同样的金属实心棒传导的热量要快100至1000倍!

## 白炽灯泡哪个部位先变黑?

白炽灯泡用旧后变成灰黑色,这是由于灯丝上的钨分子蒸发的缘故。不知你注意到没有,是均匀变黑呢,还是某一部分先变黑呢?当灯泡中少量气体发生对流时,便携带这些钨蒸气分子向上运动,从而使灯泡的颈部先变黑。

## 敞篷汽车的冷却效应

如果在夏天你有机会乘坐敞篷汽车,那可是很有乐趣的事,微风吹拂,顿觉凉爽异常。这时你可用一只温度计测量一下汽车

开动时的温度，并和汽车停放时的温度相比较，你就会发现，汽车行驶时的温度会降低约0.5摄氏度左右。这是什么原因？原来车顶上方的气流使乘客坐处的气压降低，这意味着空气在那儿膨胀而稍微变凉。这种现象类似于飞机机翼部上方的气流在快速流动时造成的空气冷却现象，这时在机翼上方甚至会形成一层薄雾，使这种效应变得更为明显。

## 天空中云的分布

天空中有时飘过几朵白云，有时浓云连绵不断，有时又乌云密布，颇有风趣，你可知这里面的奥妙吗?这是温暖而潮湿的空气柱升空后，由于压强降低自身膨胀而降温的缘故。温度降低后使水分凝结成云，同时在凝结过程中释放出来的潜热也可以使上升的空气变暖一些。这时云中的水分又重新蒸发，致使云又消失了。因此，云不会始终结合在一起不变，而是持续不断地形成。如果你有兴趣，注视一下天空，便可以观察一片云的形成、变化和消失的全过程。

## 肚子里香槟酒的变化

当伦敦泰唔士河的水下隧道竣工和两个通口斜井接通时，当地的政界人物在隧道里举行了庆祝活动。遗憾的是，他们在隧道里发现香槟酒因缺乏气体而无味。可是，当他们再回到地面上时，酒在肚子里发出了惊人的爆破声，胀开了他们的马甲，气体几乎从耳朵里冒出来，把他们折腾得很狼狈。一个有身份的人不得不重新跑回隧道深处使香槟酒再度压缩。这究竟是怎么回事呢?

原来隧道底部的大气压强较大，液体内残留着许多二氧化碳。当这些人们重新回到地而时，气体就从液体中释放出来，迫使他们不得不再回到隧道里，使气体的释放减少到可以忍受的程度。你看，喝酒还能使人们洋相百出，致人们于难堪的地步哩。

## 核爆炸蘑菇云的生成

原子弹爆炸产生的火球非常迅速地加热空气，然后热空气很快地上升，并在它的外部把地面上的空气、灰尘、被炸物的碎片和水分统统地往上卷起并形成蘑菇茎的形状。热空气边上升边因膨胀而变冷，最后终于趋于该区域的空气温度。而后就向水平方向扩展而形成蘑菇盖顶的形状。

## 可口可乐雾

你可曾注意到，冰冻香槟或冰冻汽水的瓶子在刚打开时，瓶口处常聚集着薄雾。这是在瓶子被打开时，压缩在瓶中的空气迅速地膨胀，并在膨胀过程中克服大气压强而做功。做功所消耗的能量来自气体的内能，因而在气体温度降低时造成气体中的一些水蒸气凝结成雾。

# 七、生活与电磁学

## 法拉第的笼子实验

18世纪中叶富兰克林首先创立了正、负电荷的表示法，但是他又认为电是一种没有重量的流质，渗透在整个空间和一切物体之中。物体上的电流质密度同外界一样时，物体就不显电性；电流质多了就带正电；电流质少了就带负电。这种看法是否正确？让我们回顾一下19世纪上半叶，在科学史上一直传为佳活的法拉第的笼子实验吧。

他用木条钉了一个笼子，上面贴了许多条跟地面绝缘的锡箔。锡箔之间互相按通，并且和起电机相连。笼子里面放一个很灵敏的验电器。

实验时，摇动起电机，使锡箔带电。把一个跟地面连接的导体移到笼子外表面附近，笼子和导体之间就出现电火花，表明锡箔确实带了电。然而，笼子里的验电器锡箔却始终合拢不动，说明笼子里没有电荷。法拉第为了证实这个事实，他自己钻进了笼子里进行研究，结果也是一样的。这个实验表明，笼子上的电荷全部分布在笼子的外表面，而不进入内表面。这就彻底地推翻了富兰克林的错误观点。

法拉第的笼子实验，同时具有重要的实际意义。由于金属网罩既能“遮住”罩外带电体产生的电场，使罩里的带电体不受外界电场的影响，又能“阻挡”罩里的带电体所产生的电场对外界产生的影响，故可以作为静电屏蔽。比如，有些电子仪器里的电子管用金属套罩起来，电缆外面包一层铅皮，传输线外面用金属丝编织的隔离线包起来，就是应用静电原理，防止外界电场的干扰。进行高压带电作业的工人穿的工作服，包括衣眼、裤子、手套，袜子等，是用细钢丝纤维编织而成的。工人操作时穿上它们，好像钻进了金属网罩里一样，再接触高压设备就不会有危险了。

## 雪会使铁丝网带电

在风沙和风雪的天气里铁丝网经常带电，例如在美国科罗拉多的落矶山地区的风雪天气里，在山地附近的平原上，铁丝网向地面附近的物体爆发出火花。居民发现这些火花偶尔会跳出铁丝网达1米左右(跃出约3厘米的火花就会击倒人，并使人难受几小时之久)。这是由于飞雪和铁丝网、飞机以及类似的金属物体相碰时，雪粒易失去电子，而金属就把这些失落的电子收集起来而带负电，金属中的电荷积累到一定程度，就产生放电现象。

## 油罐车为什么拖根链条？

装运汽油的油罐车总拖一条接地的链子，跟着汽车跑起来铿锵作响，这是为了防止静电产生的火花放电而安装的特殊设置。轮胎与路面接触由于摩擦而使轮胎带负电，当轮胎因转动而变得

均匀地带电时，金属车厢和车架上的负电被轮胎排斥，则靠近轮胎的车身部分就会带正电。因而车体的某些部件与附近的地面间或者与带相反电荷的物体之间，就有可能发生火花放电。这种火花放电足以使油罐车里的汽油着火，接地的铁链会使车身向地面泄放一些电子，但是这样并不能使油罐车保持中性而安全，因为油车还可以带正电，故仍容易发生火花放电。由此看来拖铁链也不是万全之策。

## 闪电的成因

电闪雷鸣在夏天是司空见惯的事。但是，你可曾知道闪电是怎样生成的吗？在一个闪电放电中至少有几次闪击?电光为什么总是弯弯曲曲的呢?……在正常情况下，云里的电荷是按层分布的，少量的正电荷在云的底部，大量的负电荷在中下部，另外大量的正电荷在顶部。闪电是由于云的底部和中下部之间的放电开始的，放电时使电子沿云层呈“阶梯状”跳跃着下降，每次梯级跳跃约50米，暂停50微秒，然后再向下跳跃。不过每一梯级的运动是如此之快，以致整个过程看起来都是紧紧地衔接在一起的，可谓稍纵即逝。

闪电之所以是弯弯曲曲，是因为下降的负电荷受空气中带正电荷的小区域的作用所发生的偏折。如果一个小区域里的正电荷足够多，则下降的闪电可以转为水平方向。这样从整个放电过程来看就是弯曲的了。

事实上，每一个闪电放电中至少有两次闪击，经常是先有一次“先导闪击”，然后再有一次“回击”，当先导闪击接近地面的时候，一些尖端附近的电场非常强，就发生电击穿，一个正电的回击

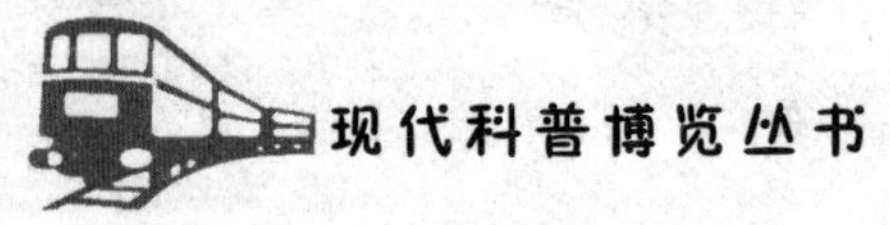


开始上升与先导闪击相遇，相遇处强烈地发光，在带负电的先导闪击被中和时，它的电子便流入地下，强烈发光的大电流区域沿着先导闪击的闪道向上传播，一直达到云上，但观察者不能分辨这样快的移动，所看到的只是一条连续发光的闪道。

## 地球的电场是怎样产生的？

前面曾经提到，在发生闪击时，在空间产生很强的电场，正、负电荷在电场里中和，产生强光，那么在地球表面和云层之间的电场是怎样形成的呢?

地球的电场位于带负电的地球表面和带正电的高层大气之间，它是由于宇宙线和地球天然放射性的活动，造成了空气分子持续不断地电离而形成的，它大约每隔5分钟或不到5分钟就发生一次放电。电离产生的一些电子向高层大气移动，聚集在海拔高度约50公里处，致使大气的导电性是如此之好，以致这部分大气基本上是一个球形导体。上升的电子会中和这个带正电的导体，同样电离产生的一些正离子下降到带负电的地面使地面中和。不过在频繁的闪电中，虽然正，负电荷不断中和，然而由于空气被电离，故地球又重新带电。就这样，在带负电的地球表面和带正电的高层大气之间产生了电场。

在这样的电场里，人的脚跟和鼻子之间可以有200伏的电势差。不过你不用担心，由于人体是电的良导体，因而身体各部分的电势基本是相同的。因此，你身体上部和脚之间不会存在明显的电势差。

# 闪电的形状

上面谈到的云地间的雷电不是闪电的唯一类型，闪电还有几种奇怪的形状。比如，云同空气间的闪电终止在半空中贮存正电荷的小区域里，这时云如果离我们太远而看不清楚时，便会受到所谓的“晴天霹雳”的惊吓。有时还会见到几条平行的闪电，宛如一条缎带从云端倒挂下来。这是由于风很强足以使每次闪击之间的电离通道发生显著的移动，而云与地之间若不止一个“先导闪电”和“回击”时，就发生带状闪电。

然而，最激动人心和令人捉摸不定的闪电可能是“珠状闪电”了。它看起来像是用弯曲的银丝连起来的一串耀眼的珠子。不过这种闪电是否存在尚有争议，据说有少数人看到过，但也有些人说“珠状闪电”是一种幻觉，看见的不过是一个耀眼的闪光后造成的残留影像。

据报道，明亮而无声的光球在空气中飘过，或缓慢地飞舞着，持续约数秒钟。有时它们能穿过玻璃窗而无损坏的痕迹；而在另一些时候，它们可能会打碎玻璃。可以在任何建筑物(甚至在飞机的座舱里)内看到它们，也可在室外看到它们。虽然它们往往是无声的，但它的消失却伴有一阵爆声。有时，它们可以使人致命。里奇曼(G·W·Richmann)在试图重复富兰克林的风筝实验时，就是不幸的丧命者。一个拳头般大的淡蓝色的火球离开他的实验室的避雷针，无声无息地飘浮到里奇曼的脸上，而后发生爆炸。里奇曼倒在房间里的地上死了，在他的前额上留下一个红斑，而他的一只鞋底上有两个洞眼。

珠状闪电的本质仍在研究之中，到目前为止，较好的解释是认为此光球是一个由外部的电磁波供给能量的等离子体球。某种雷暴雨、闪电或尖端放电产生的电活动会促使空气或蒸气电离。由于电离气体总体呈电中性，并能从自然界的无线电波中吸取能量，它将增大到某个平衡尺度。这种无线电波是在强烈的电暴过程中，在云里或在地面上产生的。树林的周围对无线电波有约束作用，形成驻波，球体就从这驻波的一个波腹中吸取能量。由于球状闪电的发光时间长达数秒钟，因此人们认为这种电光来自外部的驻波能源是合乎道理的。如果电光来自珠状闪电内部的话，以及如果把珠状闪电当作小的原子核火球来估计其内部能源的上限，那么球体发出辉光的持续时间就不能超过0.01秒，而不是所报道的好几秒钟了，因此这种推断和实际情况不符。

## 避雷针的发明及其作用

富兰克林在做了风筝实验之后，便写了一篇《论闪电和电气的相同》的论文，阐述了雷电的本质。他明确指出：雷电现象不是“雷公雷母在发怒”，它是自然界的一种大规模的放电现象，耀眼的火花就是闪电，震耳欲聋的声音就是打雷。闪电不但可以在天空中离得很近的带异种电荷的云块之间发生，也可以在云地之间发生。当云地之间发生闪电的时候，在很强的闪电的通路上，树木、房屋、人畜等就被击毁或者烧焦。为此，富兰克林还根据风筝上的细铁丝能够吸收天电的发现，提出了创造避雷针的设想，使建筑物免遭雷击。

但是，当富兰克林的论文在英国皇家学会上宣读的时候，引起的反应，只是一阵轻蔑的嘲讽，被看成是痴人说梦。有一个权威看了富兰克林的论文集，甚至怀疑是否真有其人，硬说那些文章是反对他的人伪造虚构出来的，以达到推翻他的学说为目的。

教会也出来反对富兰克林，说他在亵渎上帝。为此，他遭到来自各方面的攻击和谩骂。然而，真理在握的富兰克林毫不畏惧，据理力争。他的观点，终于被人们接受；他发明的避雷针也逐渐被采用，傲然站立在一些高大的建筑物上。

避雷针发明之后，虽然获得了广泛地应用，但是对于它的作用却引起热烈的争论。有人认为避雷针有助于当云越过针上方时的放电，因而避免了闪电引起的严重破坏。另外一些人则认为，避雷针是在为云地间的放电提供了一条安全到达地面的通道。

其实，避雷针的确是为电流提供了一条通地的途径。尖端同围有很强的电场，因此能开出一条向上的通路，与下行的先导闪击相遇。一旦接触发生，电流就从电离通道流向避雷针到达埋入避雷针的地下。因此，电击与避雷针相连的建筑物的可能性就减少了。避雷针不能避免使经过的云发生闪电的放电，这是因为避雷针的放电太慢的缘故。

最近一家公司在避雷针的顶端装上一个放射源，这种设计以为放射源有助于空气电离，因而进一步诱使通过避雷针放电，而不使建筑物遭到电击。安设这种放射源是没有效用的。如闪电击毁了放射源的话，可能会造成更大的危险。

## 什么树易遭雷击？

不同的树木受雷击的程度是不同的，全世界每年由于雷电袭击而引起的森林火灾是不胜枚举的。如果树是全湿的，树身电阻较小，是电的良导体，电流通过时不会产生很多热量。如树皮光滑的树就是这样的，遭雷雨后树皮一直湿到地面，则不易遭雷击而起火。如果树皮很粗糙,如橡树,树皮一时很难湿透,树的电阻很大,不易导电。这时电流通过时便会产生大量的热,致使树身膨胀而爆裂,即所谓遭雷击。电流大到一定限度便起火燃烧,再殃及其他树木,酿成熊熊森林大火。因此有闪电专门寻找橡树的传说。其实,和橡树相类似的树木,大都成了易受雷击的对象。

## 闪电与飞机

在雷雨季节,人们以为飞机在天空飞行时遇到闪电是很危险的事。的确,飞机遭到电击是常有的事,但是除了在飞机上留下几个小洞之外,几乎没有其他损坏,阿波罗—12号发射后不久,曾受到两次电击,但均未对飞船和宇航员造成明显的威胁。

这是由于在电击时火花放电所产生的高频电流不能穿透飞机和宇航船等类物体的金属外壳,只能局限在金属的外层,这是趋肤效应的结果。同样,汽车的外壳也有类似的作用。除非穿孔后触发燃料而引起爆炸,在这类金属封闭舱中的乘员甚至可能根本不知道他们已被闪电轰击过。

## 闪电后的雷阵雨

你可曾注意到过,在雷雨中闪电过后会突然迸发一阵暴雨或刹那间的冰雹。它们之间是有密切的联系呢,或者仅仅是一种巧合而已?

云里的小水滴有一部分有时因局部电场的作用而悬浮着。闪电闪击的发生可以减弱这样的电场,于是小水滴平衡的条件被

破坏了，随即水滴下落，便迸发出一阵暴雨。当电场恢复它原有的强度后，降雨量又减少了，此乃形成雷阵雨的原因之一。

## 闪电落地后的电场

大家知道在雷雨的天气里，不宜在高大的树木下或其他建筑物下避雨，那么遇到这种情况应该怎么办呢？原来落雷着地后，在地面产生分布电压，闪电的电流就散开，一部分电流在一定的范围内就沿水平方向传播，如果这时人和牲畜进入这个范围，比如牛进入后，在跨步电压的作用下，地面电流就会从牛的前腿进后腿出，于是牛便触电死亡。

对人而言不应卧倒，因为这时头部和脚部之间的电势差会从地面导出足够的电流而击毙你。也不应该站着，最好的姿势是蹲着。这样，既可以使头部的位置很低，同时从接触的一侧到另一侧可能存在的电势差是最小的，于是从地面导出的电流也就减少。

## 电击致死能复活吗？

人遭电击后也有许多死而复活的例子，甚至有些人在电击后呼吸停止达20分钟之久，但仍能从死亡中活了下来，没有电休克(电震)或缺氧所造成的明显大脑损伤。有人认为这是由于休克暂时地改变了大脑对氧的至关重要的供需关系的结果。

人受电击时，如果大量电流进入受害者的躯体，此人极其可能因内脏，尤其是心脏烧伤死亡(电死实则是烧死！)。但是，如果一个人淋湿了，那么电流就可能不穿透躯体内部，于是大部分电流则沿着身体外的水层而往下流(如同湿树受电击可以完整无损相仿)。在这种情况下，受害者的呼吸和心跳可能因电击而停止，不过迅速地进行人工呼吸可使受害者复活。实际上，在电击中很多受害者并没有被闪电直接击中，而是被直接受击体的侧向爆裂物击中或被闪电产生的地面电流所击倒。有一位复活的病例有过这样的记载：因电击而休克的人经过长时间抢救后从表现上仍无复活的迹象，于是有人说：已经没有救活的希望了，停止抢救吧，但是有人仍坚持继续抢救，不停地做人工呼吸，终于奇迹般地使这位受害者死而复生。这位复活的人苏醒后的第一句话就是问谁主张停止抢救？可见当时他的神经功能已经恢复了，只不过不能动作罢了。由此看来，对电击而假死的人，过早地放弃抢救是何等令人痛惜！而不遗余力地积极救护才是当务之急，也是革命人道主义的真正体现。

## 怎样翻阅旧书？

在博物馆或图书馆里有些珍贵的古书已经陈旧不堪，以致在翻的时候无论怎样小心，书页都要破坏。但是，为了满足阅读和研究的需要又得常常翻阅它们。这样的书页怎样去翻它呢？

为了解决这一难题可借助于静电来帮忙，就是使书卷充电。书里相邻各页得到同种电荷之后，由于相互排斥，因而可以毫不损伤地一页页分了开来。也可以用结实的纸去裱它。

## 苹果电池

伏特电池是一种化学电池，把铜板和锌板放入硫酸溶液里，由于化学反应，铜板上集中了大量的正电荷，成为电池的正极，锌板上集中了大量的负电荷，成为电池的负极，在这过程中化学能转化为电能。用导线把两块金属板连接起来，在电路中就有电流通过，可以使小灯泡发亮。

其实，水果和蔬菜，像柠檬、苹果、西红柿和土豆等，也可以制作成电池。

拿一个苹果，把它弄软，然后把一根铜丝和一把小刀插入苹果里，铜丝和小刀相距1厘米左右，不能相碰，到此苹果电池就做成了。

把耳机线的一头接到铜丝上，另一头跟小刀继续接触，你就会听到耳机里发出“喀喀”的响声。如果用两根导线分别和铜丝、小刀相连，再把它们的另一头和舌头接触，舌头立即就有麻电的感觉。由此可见，苹果电池产生的电流通过了耳机或者舌头。

不但苹果可以做成电池，土豆也可以做电池。找12个土豆、12块锌片和铜片，锌片可以用旧电池的外皮剪制而成。在每个土豆上切两道刀痕，刀痕间隔大约1厘米，分别插入锌片和铜片，然后用导线依次把一个土豆上的铜片和另一个土豆上的锌片连接起来，土豆电池就制成了。这实际上是由12个土豆电池串联而成的土豆电池组，能使1.5V的小电珠发光。

在19世纪初，戴维曾经用2000个伏特电池组成电堆，可以点燃碳极电弧，成功地制造了第一个实用的电光源。

# 触电死亡的原因

随着经济的发展,人民生活的提高,家用电器越来越普及到千家万户。电如同一切事物一样也具利弊的双重性,稍有不慎触电事故便屡有发生,轻则伤,重则亡。因此,安全用电已是日常生活中不可缺少的常识了。

大体上讲,电流通过人体所产生的影响如下:

小于0.01安培有麻刺感或无感觉,0.02安培有疼痛以及被带电元件粘住而脱不开身,0.03安培使呼吸紊乱,0.07安培使呼吸极度困难,0.1安培因心肌纤维震颤而死亡,大于0.2安培无心肌纤维震颤,但有严重烧伤及呼吸困难。

通常,电流强度在0.1~0.2安培之间是最致命的,因为这个电流强度会引起心肌纤维震颤。这种震颤是一种心肌失去控制的痉挛性颤搐,其结果是血流停止,并导致迅速死亡。可是超过0.2安培的电流只造成心脏停跳,经常规急救措施就能使心脏重新跳动,因此有控制的电击是使心肌纤维震颤停止的唯一办法。由此可见,0.1~0.2安培范围内的电流强度,与较大的电流相比,更易引起死亡。

通过遇难者的电流强度,一般说来是取决于皮肤的电阻,其范围大约在湿皮肤的电阻1千欧姆及干皮肤的电阻500千欧姆之间。足够大的电流可引起手脚肌肉收缩,触电者往往有抓住不放的现象。起初,往往电流强度并未达到致命的大小,但因皮肤的电阻是随时间增加而减小的,当电流强度达到0.1安培时便可致人于死地,电流通过人体要放热,因此人被电死,实际上是电流通过人体(尤其是心脏)时,把人烧死了。如果发现某人触电而被粘在电线上却还活着,应该在保证安全的情况下(千万不可直接用手

拉！），如用干木棒或干衣物、绳索等将触电者尽快与电线分离，不然他就会很快死亡。为避免被粘在电线上，有经验的电工在工作时，往往用手背或指背来移动通电的导线，要是这种接触会引起触电的话，那么肌肉收缩就使手自然地脱离电线了。这是行之有效的经验，奉劝人们效仿之。

## 蛙腿实验的机理

在18世纪80年代，伽伐尼做了一个蛙腿神经系统控制功能的实验，他把一根黄铜横杆插入铁制的底座上。挂着的蛙腿可以触到部分底座，但是它接触一次就会收缩而立即进入痉挛状态。当痉挛解除时，蛙腿就会下垂，又接触底座，因而再一次发生痉挛。蛙腿的神经系统究竟是在什么作用下实现这种控制功能的呢？

由原子物理的能级理论得知，不同金属的传导电子(核的最外层电子——价电子)的能级不同，在两种金属接触时(在这里是铜和铁)，它们之间就会存在一个电势差。当蛙腿碰到底座时，通过横支杆、底座和蛙腿形成一个闭合回路，在电势差——电压的作用下，传导电子就流经回路。电流刺激了蛙腿的神经，再由神经控制蛙腿肌肉迅速地收缩。

## 鸟为什么能停在高压线上？

人们对通电导线都是望而生畏的，人畜等经常由于不慎而触电死亡的事情屡有发生。尤其是高压线落地之后，还会产生跨步电压,倘若误入其中,虽未接触电线,也会有触电的危险。但是,我们经常注意到停落在电线杆上的鸟却安然无恙。这是为何?

要了解高压线上的鸟未被毙命的原因,应该注意到停在电线上的鸟的身体,好比电路的一个分路,由于鸟的爪与腿部被鳞片覆盖着,电阻比起另一个分路(鸟的两爪之间的那部分很短的电线)要大得多,因此通过鸟体的电流就非常小,不会对鸟有什么危害。但是,如果鸟体的任何一部分,如翅膀、尾之部或嘴触到同地相连的物体,则马上就有电流通过它的身体而流入大地,使它触电身亡。电线杆上的横担不与地绝缘,停在上面的鸟再和电线磨嘴(鸟类常有这种习惯)也要触电身亡。为了保护鸟类不致触电,有些国家(如德国)和地区在高压杆的横担上装设绝缘的架子,使鸟类不但可以停在上面,而且还可以安全地在电线上磨嘴。也有的安装特殊设备,使鸟不能在电杆上筑巢或碰到它。

随着电力事业的发展,必须大力提倡保护飞禽,它们是各种害虫的天敌,这样也有利于农业和林业的发展。

## 怎样使用电池才好?

如果电池用旧了,能否以旧代新。比如一台晶体管收音机的电源电压是4.5伏,如用新电池,三节便够了。现有电动势约为1.2伏的旧电池,为节约起见能否用四节旧电池来代替呢?如可行,既利用了废旧电源,又能满足需要,一举两得,岂不妙哉。但是在使用中很令人失望,电池用了不长时间,收音机便哑然无声了。

这种“妙法”为什么不妙呢?原因在于分析问题的片面性。使用电源,不仅要考虑电动势的高低,还应考虑内电阻的大小。比如一节新电池,电动势是1.5伏,内阻约为0.5欧。在使用中当电

动势降到1.1伏左右时，内阻却迅速增加，有的高达几百欧。

为了便于说明这个问题，我们以小灯泡为例进行分析。设两节新电池的总电动势$\varepsilon$为3伏，总内阻$r$=1欧。灯泡的电阻为9欧。根据闭合电路欧姆定律，算得电路中的电流强度$I=\varepsilon/R+r=0.3$安。内阻上的电压$U_{内}=Ir=0.3$伏，灯泡上的电压$U_{外}=IR=2.7$伏。这时，电池的总功率$N=I\varepsilon=0.9$瓦，其中消耗在内阻上的功率$N_{内}=IU_{内}=0.09$瓦，占总功率的10%，而消耗在灯泡上的功率$N_{外}=0.81$瓦，占总功率的90%，能使灯泡正常发光。

假如把三节电动势为1.2伏，内阻都是10欧的旧电池和小灯泡连成电路，可算出电路上的电流仅有0.092安，灯泡上的电压只有0.83伏，而内阻上的电压为2,76伏。此时，消耗在内阻上的功率为0.25瓦，而消耗在灯泡上的功率只有0.08瓦，只有两节新电池的1/10，这时看到灯泡内只有一个小红点，灯光暗淡得很。这说明大部分电能都消耗在内阻上。

也有些人为了“省电”，往往把新、旧电池搭配起来使用，其实这样做不但不省电，反而浪费电能。正如上面提到的，旧电池的内阻大，在有电流通过时，内电路上的电压降增大，导致新电池中相当多的电能白白地消耗在旧电池的内阻上，这是很不合算的。

懂了上面的道理，以后再更换电池时，不能凭想当然盲目乱来，要按科学规律办事才能获得良好的效果。

## 微波炉

微波炉的应用已愈来愈广泛，它的最大特点之一是被它烤的食物是从里向外熟的，因此不但烘烤时间短，而且烤得透，不会出现夹生现象。比如用来烤肉，微波被肉吸收，尤其是被肉中的水

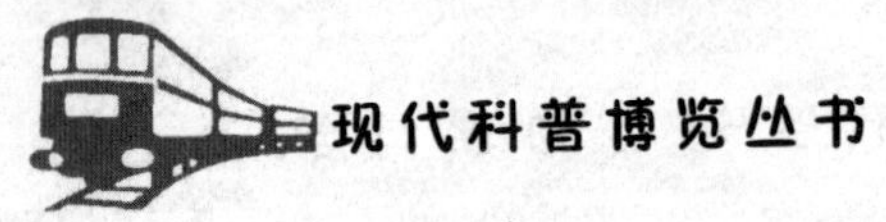


分吸收更多,深度可达数厘米之深。吸收率与深度的关系取决于微波的频率:频率越低,烘烤越深,多数微波炉的工作频率为2450千赫。微波炉要设计得使肉基本上在各个方向上都充满着微波为最佳。如果肉不太大,从所有方向到达肉中心的辐射量,就会大于从任一边开始进入肉内的辐射量。结果,肉的中心会比外层要吸收得多,肉中心熟得较快。这就是微波烘烤食物的奥妙。

## 怎样防磁?

钢、铁能被磁化,也就是它们的分子磁体在外磁场的磁力的作用下能按一定的方向排列起来。如此说来,这些物质的磁化是磁力穿透这些物质的结果。其实不然,磁力并不能穿透一切物体,说也奇怪,原来最易磁化的铁,却是不能使磁透过的物质。比如,把指南针放在铁壳子里,就不会受到壳外磁铁的作用。这就是说,铁壳屏蔽了磁。

根据同样的道理,为了抗磁,用铁壳或钢壳封闭的表就不会因磁化走时不准了。我们也可以把怕受磁力干扰的仪器用铁壳子罩起来或在铁皮屋子里做实验。这和金属外壳能屏蔽静电有相似的作用。

## 电磁铁选种

在农作物的种子里往往掺有杂草种子。杂草之所以能在千万年内野火烧不尽,春风吹又生,或百锄不衰,在同大自然优胜劣汰中生存下来,是由于它们浑身长满了绒毛,能够粘在从旁边走

过的动物的毛皮上,或随风飘荡,从而散布到离母本植物很远的地方去。人们就利用它这个特点除掉它。办法是在混有杂草种子的作物种子里撒上一些铁屑,铁屑就会紧紧地粘在长有绒毛的杂草种子上,而不会粘在光滑的作物种子上。然后再用磁力足够强的电磁铁把带有铁屑的杂草种子吸出来,而光滑的作物种子则留下来,从而达到选种的目的。

## 超高压输电带来的不安

为了进一步提高输电效率,现在建立了"超高压"(765千伏)输电线。从输电的效益来看这样做是有利的,但是却给输电线附近的居民带来了烦恼。尤其令人不安的是输电线常常发出一些蓝色(crie blue)的辉光,并且能使没有接通开关的荧光灯莫明其妙地发光。然而,更有威胁性的是,人们在接触高压输电线附近的金属物体时会受到电击,如接触各种车辆、铁丝网甚至湿的晒衣绳而受到电击的事故是枚不胜举的。在高压输电线下生活的居民经常抱怨说:"我们好像生活在瀑布附近一样。"

出现这些现象的原因是:交流高压电会在附近的金属物体中感应出交流电,当人体接触到这些金属物体的一部分并使之通地时,就可能发生放电火花。

1987年美国有一研究小组的研究结果表明:居住在受电力线较强的电磁场辐射房屋中的儿童比居住在受较低电磁场辐射房屋中的儿童更容易得癌症,前者大约是后者的1.7倍;而患血癌、淋巴癌和软组织肿瘤的危险性更大!

近年来,生物医学研究者表明,低频电磁场能破坏人体自然免疫系统,改变激素的生成促进肿瘤的生长。某种电磁场尽管本

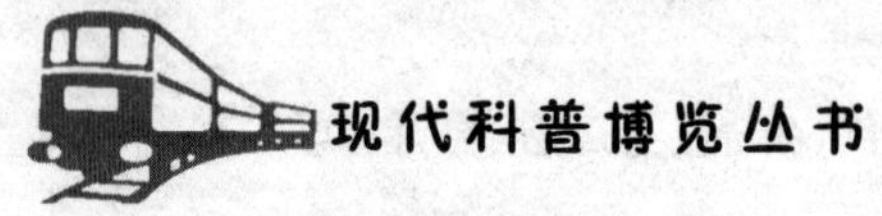


身没有致癌性，但由于抑制人体防御系统，可以激化癌细胞的发展，也可以跟环境污染一起促进癌症发展，这对电工、电子设备的设计、制造、维修和安装等人员无疑也有很大的危险性。

# 八、生活与光

## 日蚀时树叶的阴影

如果在日蚀时观看树叶的阴影,便会看到投影在地面上的许多日蚀时太阳的像。这些像都是由树叶间的微小孔隙构成的针孔所成的像。它们在白天总是存在的。不过,通常掩没在眩目的亮光之中。在日蚀时,这种眩目的亮光就减少了。因此发生日蚀时易观察到太阳被蚀的像。

## 五像照片

有一种摄影术,可以在一张照片上拍摄出一个人的几种不同的面相。它比普通照片的优点在于能把照片里的人的特点更加完全地表现出来,从而选择一种更能表现出特点的面相来。

这样的照片是怎样拍的呢?这得借助于平面镜来帮忙了。让照像的人背朝着照相机A,面朝着两面直立的平面镜CC坐着,两面镜子所成的角度是72°。这样在两面镜子里应该反射出四个人像,它们各用一种姿势向着相机,连相机拍摄的实像,便得到了一帧五像照片。所用的平面镜应该没有镜框，以免镜子照进像片里，另外，为了在镜子里不映出照相机，必须在相机前面放置两张幕BB，幕的中间开个小缝，放置镜头。

照出像的数目要看两面镜子所成的角度。角度越小，成的像就越多。成90°时，可以得到4个像；成60°时，可以得到6个像，成45°时，可以得到8个像……不过反射的次数越多，像就越暗淡，所以普遍都限于拍摄5个像。

## 保护色的功能

隐身帽和隐身法尽管不存在，但是把物体涂上适当的颜色，使自己隐蔽起来不易被发现，这种隐身法还是可以实现的。优胜劣汰是自然界生物存亡的根本法则，为了求得生存和兴旺，生物首先要适应外界环境，使自己披上了形形色色的伪装，这就是所谓“保护色”或“掩护色”，这样的例子是举不胜举的。沙漠里的动物，大多披上了具有沙漠特征的微黄的“沙漠色”，比如那里的狮子、鸟类、蜥蜴、各种昆虫等。在北方雪地上的一切动物，如凶猛彪悍的北极熊、轻盈的海燕，都染上了一层白色，它和皑皑白雪融为一体，不易被发现。还有生活在树枝上的蝶蛾、毛虫、变色龙等，颜色都非常接近树皮的颜色。

你如果想要捕捉一只在草地上的蚱蜢是很困难的，因为它掩没在绿色的背景里，使你分不清它隐藏在哪里。

海洋里的各种动植物也都有很好的保护色。在褐色藻类里生活的海生动物，都有“保护性”的褐色。生长在红色藻类水域里的动物，主要的保护色是红色。银色的鱼鳞也同样只有保护性；从水面上方往下看像面镜子，它保护鱼类免遭在空中搜寻它们的

猛禽的伤害;从深水处往水面看更像面镜子(全反射),这样便使银色的鱼鳞同发亮的银色的背景融为一体了。再如水母和水里的其他透明动物,如虾类、软体动物等它们的保护色完全是无色和透明的。

还有些生物适应周围环境颜色的本领更为高明,能按照环境条件的变更来变换保护的色调。如在雪地里身披白色毛皮外衣的银鼠,如果不随雪的融化而改变自己毛皮的颜色,那就失去了保护的作用。因此在春天,这种白色的小动物会换上一身红褐色的新外装,使自己的颜色跟那新从雪里裸露出来的土壤的颜色一致。当冬天再次来临时,它们又银装素裹了。

## 自卫色

动物顺其自然的本领,千奇百怪,形形色色,其变换的高超、造型的微妙,令人赞美叫绝。人们从自然界那里学会了这种有用的艺术,把自己伪装起来,以达"隐身"之目的。比如野战军战士穿的杂色斑斓的军装,灰色钢甲的舰船,运送辎重的列车、大炮、坦克、防御工事、乃至兵营往往用特制的网罩着,网眼里还要编上一簇簇的草状物,以示掩护。

各种军用飞机,为了不易从地面和空中被发现,要分别涂上褐色、暗绿色、银色和紫色等颜料。如飞机的底部,为了迷惑地面上监视者的视线,得涂成跟天空一致的浅蓝色、浅玫瑰色和白色。用这种颜色在飞机的表面上涂成许多小斑点。在740米的高空,这些颜色会同那不显眼的云斑与背景融为一体,飞行在高空的飞机就不能被监视者发现了。夜晚执行任务的飞机一般涂成黑色。

由此看来,古代神秘传说中的隐身术,已分别在不同方面得到了广泛地应用。

## “大镜高悬”见四邻

公元前2世纪，我国古籍《淮南子》中有这样一段记载：“取大镜高悬，置水盆于其下，则见四邻矣。”这句话的意思是在说，把一面大镜子悬挂在高处，另拿一盆水放在院里，和镜子相对，再移动水盆的位置，就可以从水盆中看到院外四邻的动静。这个记载生动地反映了光的反射定律的应用。这和人们照镜子能看到自己的像同属于光的反射现象。即从四邻射来的光线先射到大镜子上，经过反射，部分光线到达水面，再从水面反射到观察者的眼睛里，于是就可以隔着院墙看到院外的部分情景.移动水盆，还可以看到院外的其他情景，这确实是一个十分巧妙的装置，也可以说是世界上最早的潜望镜。它比19世纪末才在西欧出现的潜望镜要早两千多年。

潜望镜的构造很简单：在一只有两处拐弯的管子里，上、下拐弯处各装一块平面镜，它们互相平行，且和水平方向成45°角。这样，从管子上方射入的光线经过两次反射，就从管子下方射出。潜望镜在军事上大有作为，它可以在战壕(或潜水艇及其他掩体)里窥视敌人的行动。

## “魔镜”的神威

相传有一则古代物理学家和爱国主义者阿基米德大破罗马战船的故事。公元前215~212年间，罗马人大举入侵希腊，派出一支装备着精兵的船队，准备攻打阿基米德的家乡叙拉古城。面对来势汹汹的强敌，阿基米德向国王献出破敌守城的妙计。他叫

守城人列队排在海岸边，每人各执一面“魔镜”，把阳光向罗马战船反射过去。不一会，船队燃起了熊熊大火，船毁人亡，使罗马人打了一场莫名其妙的败仗，其实，所谓的“魔镜”，实为现在的凹面镜。“魔镜”把反射的阳光会聚在一起，由此而产生的高温把战船烧毁了。

我国古代，也有可以用采取火的“魔镜”，叫做阳燧。《淮南子》中就有《阳燧取火于日》的记载。王充在《论衡》中也写着：“验日阳遂(燧)，火从天来。”就是把阳燧(凹面镜)对着太阳，天上的火就被引下来了。

凹面镜是反射面向里凹的一种球面镜，光在球面镜反射的时候，也遵守反射定律，凹面镜能“取火于日”现在被广泛地用来制做太阳灶和太阳炉，成为开发、利用太阳能的重要工具之一。有一种伞形太阳灶，直径约1米，用涂铝的涤纶薄膜做反射镜。这种太阳灶既软又轻，可以随身携带，作为炊事用具十分方便。太阳炉可以获得更高的温度，供给汽轮机以蒸汽，或者熔化难熔的物质。

日前世界上最大的太阳炉，建在法国比利牛斯山的东部。它的凹面镜有九层楼房那么高，由9000块反射镜片排列组成，表面积是2500平方米，聚焦温度高达4000℃。这座太阳炉是专门进行高温物理化学试验材料加工，制造超纯物质和耐高温材料的。

光线传播具有可逆性，假若把光源放在凹面镜的焦点上，从光源发出的光线被镜面反射以后，就变成彼此平行的光线射向远方。根据光的这种可逆性质，人们制造了手电筒、照明灯和探照灯等灯具。它们的灯泡都处在凹面镜的焦点上，能发射出平行光束。比如现代大型探照灯发出的强平行光，可以照亮十几公里以外的物体。

## 柱虹是怎么回事？

有时，当在水面的上空出现彩虹时，会在虹的底部呈现极为罕见的光柱，因为和虹相伴随，便称之为柱虹。柱虹是反射虹的一部分。正常的虹是由直接的太阳光形成的，而从水面反射的光可以在天空中形成另一条彩虹。虽然这种反射虹所需要的几何条件与正常虹相同，但是它在天空中的方位，由于反射的缘故与正常虹不同。如果整条反射虹都能被看到，那么这条虹的中心应位于天空中更高的地方，因此我们能看到的只是在地平线附近的一段而已。这段反射虹与地面的夹角，比一段正常虹与地面的夹角要大。同时太阳光在水面反射时要损失一些，因而反射虹比正常虹弱而少见。

## 反射虹为啥不和原来的虹对称？

如果你有幸看到一条彩虹和它在水中的反射虹，那么你就会注意到它们的形状和位置是有差异的。比如，要是天上有云，确看不到类似现象。为什么云相对于彩虹的位置有如此的差异呢?

这里看到的反射虹和上面的柱虹不同，尽管都有反射现象。在这里，反射虹不过是正常虹的镜像。由于所看到的反射虹的弯曲程度比正常虹的弯曲程度来得小，所以反射虹看来比较平些。外表上的差异是由于散射角不同而产生的，如果从水滴射出的光线经水面反射后对形成虹有贡献的话。满足这种角度的水滴位于天空中的仰角，比直接产生虹的水滴在天空中的仰角低。

在露水覆盖的草地上有时也能看到彩虹，这种虹叫做露虹。类似的虹也能在浮有油层的池塘上或路灯下面的街道上出现。正常的露虹是由草地上的水滴所产生的。从连接太阳和观察者眼睛的轴线量起，露虹位于大约42°的位置上，如果地面上没有妨碍视线中悬浮的水滴的障碍物，那么就可以看到视线以下的这部分虹。由于水滴被限制在一个水平面内，而不是充满观察者前方的整个空间，因此呈现的形状是双曲线形的。

在正常的露虹中，入射光基本上是从太阳射来的平行光线。路灯发出的是发散光线，尽管42°角仍然是形成虹的基本条件，但是由于起作用的入射光线分散在一定范围内，因此对形成虹有贡献的水滴的位置就构成这种的奇怪的形状。

## 日 柱

在接近日落前或在日出后，经常可以看到位于太阳上方或下方的日柱。日柱可以是白色、淡黄色、橙黄色或粉红色，因此相当漂亮。由于下降的六角形冰晶的外表面的反射作用，形成了在太阳上方或下方的日柱。冰晶沿中心轴的长度如果比它们的宽度短，叫做片状冰晶；如果沿中心轴的长度比它们的宽度长，叫做针状冰晶或铅笔冰晶。这两种冰晶都能产生日柱。

例如，对于片状冰晶，冰晶周围的气流迫使冰晶沿水平方向，使它们的空气阻力增到最大。如果在观察者的视野中冰晶比太阳高，则阳光便从片状冰晶的底面反射，从而使观察者看到太阳上方的部分天空中产生一个较亮的区域，形成太阳上方的日柱。如果在观察者的视野中片状冰晶比太阳低，则反射就在冰晶的顶面发生，于是便产生太阳下方的日柱。

## 白云和黑云

天空中的云大多呈白色，却不呈现天空的蓝色。这是因为云中的水滴通常比较大，而且仅仅从它们的外侧表面反射太阳光。由于这种反射不产生色散，因而反射光依然呈白色。而有雨的云，是大量水滴集结的浓密的云，对于这种云射入的阳光不是被水吸收了就是向上反射了，故能透过这种云的阳光很少，因此云呈黑色。

## “黑　暗”

月亮的“黑暗”部分是指月亮在直射太阳光的阴影中的部分，这个黑暗区域当太阳刚落山和月亮以一弯新月出现的时候我们有可能看到，是由于大地光照明的结果，大地光是地球大气和地面反射的太阳光。

## 潜水员是怎样看东西的？

潜水员如果不戴面具是无法在水下工作的。不过，他们的面具是平面玻璃，不是其他形状的玻璃。戴着这种面具在水下工作，眼睛和水之间就隔着一层玻璃和空气，这样即使情况发生了根本的变化，从水里透过玻璃的光线，先是通过空气而后进入眼睛的。从水进入玻璃和空气后，无论方向如何，根据光线平移原理，光的传播方向并不改变。然后，光线再从空气进入眼睛的过

程中,眼睛所起的作用,同在陆地上是完全一样的。这就是潜水员戴面具所起作用的关键所在。我们可以十分清楚地看见玻璃鱼缸里的金鱼,就极好地说明了这个道理。你不妨认真地观察并仔细思考一下。

## 透镜在水下的作用

双凸透镜可以做成放大镜,这是很多人都知道的事。请你把这样一只放大镜浸在水里,再隔着它看水里的物体,却奇怪地发现它几乎不起放大作用了。同样你也可以把一只能缩小的双凹透镜放在水里,也发现它几乎丧失了缩小的本领。如果你用来实验的不是水,而是一种折射率比玻璃大的液体,那么双凸透镜反而起缩小作用,而双凹透镜却有放大的能力。这究竟是什么原因呢?

其实,按照光学道理也是好说明的。双凸透镜在空气里能够放大,是因为玻璃的折射率比周围空气的折射率大。由于玻璃和水的折射率相差不多,因此把玻璃透镜放进水里,光线从水里进入玻璃的时候,就不会偏折得很厉害,当然其放大能力也就比在空气里小得多了。同理,双凹透镜的缩小能力也同样要小得多。液体的折射率越大,上述作用越明显。

前面说过,潜水员可戴平面玻璃面罩,还可戴一种空心透镜。所谓空心透镜实际上就是空气透镜,是在玻璃内充以空气做成的。把空心透镜放在水里,由于水的折射率大于空气的折射率,这相当于把玻璃放进折射率比它大的液体里,因此凹透镜会放大,凸透镜会缩小。空心平凹透镜有会聚作用。

## 星星的闪烁

天空中的繁星经常在闪烁,好像在向人们不断地眨巴眼睛,既逗人又迷人。星的闪烁是由于空气的湍动引起的,而湍动归根结底是由大气中的温度不规则分布而造成的。小湍流胞(直径为数厘米或再大些)不断地出现,从而使穿过它的星光发生折射,先折向一个方向,而后又折向另一个方向。这种小闪烁对于小星的像是很明显的,然而对于月亮和行星较大的像就不明显了。

## 海市蜃楼

世界上有一些地方,当下午快要消逝和傍晚刚降临的时刻,可以看到山峦在海洋的水平线上升起。山峦由于离我们太远,通常是看不见的。在下午较早的时候,首先有一些朦胧的斑点状的山峰呈现在海平线上。然后,随着时间的慢慢消逝和傍晚悄悄来临,山峦便愈加变得清晰可见,甚至能分辨出一个一个的山峰来,这类海市蜃楼称为上现(方)蜃景。这是由于当地面附近的空气的温度在随高度增加而增加时,继而空气的折射率也随高度增加而增加,因此会引起光线的折射,以致足以使光线弯折到人所在的位置而使人看到。观察者在心理上就顺着看到的光线沿直线反向外推,从而使像位于实物的上方。由于像隐约出现在物体的上方,故称为上现蜃景。

有时在沙漠上和炎热的街上会出现绿洲和水,绿洲的周围好像还有棕榈树。大家可以想象在口渴难耐的沙漠上,一旦看到绿洲上涓涓细流和湿漉漉的草地,是具有何等的魅力啊!

绿洲蜃景是像位于实物下面的下现(方)蜃景。来自蓝天的光线由于随高度增加而减少,随即空气的折射率被随高度增加而减少的近地空气层所折射。当光线弯折到观察者时,观察者在心理上就顺着看到的光线沿直线反向外推这样他就以为在前方某处的地面上有蓝色的水存在。微微闪光是由于热空气在折射过程中的变动而造成了流水的错觉。

复杂蜃景是海市蜃楼中最美丽的一种,尽管在一些地区是很罕见的现象,但是在我国烟台和长山岛附近的海平面上,在特定的季节和气候条件下,茫茫的大海之上经常出现楼台亭阁,仿佛是蓬莱仙境的再现。它们时隐时现,变幻无穷,即所谓海市蜃楼现象。在峨嵋山上也时常出现这般情景,比如佛光便是。还有在意大利和西西里岛之间的墨西哥海峡上也很常见。上述现象均属复杂蜃景,它的成因是由于在比较温暖的海面上有一层冷空气,致使海面附近的温度分布不是随高度按线性地变化。开始,温度随高度增加而增加,但在某些区间高度的区域,温度增加的速率变小。于是神话般的宫殿拔海而起,变化莫测,忽隐忽现,蔚然壮观至极。

## 日出和日落时太阳的形状变化

每当太阳从地平线冉冉升起和徐徐落地时,可以很明显地看到,它的形状不再是球形而变为椭球状,即形状变扁了。如前所说,阳光被大气折射后,在太阳愈接近地平线时折射也就愈厉害。现在让我们考虑当观察到太阳的下部边缘处在地平线上时的情况。如果阳光不发生折射,那么太阳的下部边缘实际上处在地平线下面半度多一些的地方。同时,太阳的上部边缘应该是在比没有折射时的实际位置低半度左右的地方。结果,看到的太阳竖直宽度要比太阳在头顶上时的宽度窄一些(精确地说约短6孤分)。由折射作用产生的水平宽度缩短很小(约半弧秒)。因此,当太阳位于地平线上时看来好似一个椭圆,即根据折射现象会使太阳的尺度缩小。但是在观察自然风光时却有一种明显增大的幻觉。这种幻觉不是大气条件造成的而是一种心理作用。这似乎和太阳与地平线之间的空间有关。对于一个很大的空间来说,相应于太阳在很大仰角的位置上,这时太阳显示出它的真正角宽度为0.5弧度。但是,在下落时,太阳与地平线(或地平线上的物体)之间的空间变小了,这时太阳看上去好似变大了。

对月亮的升起和下落也有上述类似的感觉。

在阳光下往叶子上洒水好不好?

在骄阳似火的天气里往树叶或花叶上洒水并不好。因为叶上的水滴会使阳光聚焦,使太阳成像在叶子上,这样就会把叶子烧焦了。

## 黑暗中的猫眼

猫和其他一些动物具有反射作用的眼睛,这种眼睛在黑暗的环境下都是很显著的。它是由一个透镜和一个曲面镜组合而成的,这样它使返回的光锥又经过光源。所以,在黑暗中,当你用手电筒照射猫的两眼时,猫眼就有明亮的反光。有趣的是,在食肉的动物中,其视网膜的后面都有一层可提供高反射比的半胱氨酸锌盐的结晶层。

## 天空的颜色是怎样变化的？

天空是蓝色的，这是人所共知的事实，可是你注意到没有，天空的蓝色也不是均匀的，还有晚霞的景色是很迷人的，绚丽多彩的霞光施展出迷人的魅力。每当夕阳落地之际，西方的天空起初呈现出橙黄色彩。在太阳转为火红色时，西边天际的余晖从地平线开始，由橙黄色向上方变化到蓝绿色。最终，在西边的地平线上方约25°的区域出现玫瑰色。

在较大的火山爆发后不久，能看到色彩特别明亮的霞光。

上述现象通常是用瑞利散射来解释的。根据瑞利散射模型，大气分子对太阳光的散射与光的波长有关，这种关系确定了天空的基本颜色。入射的阳光其电场使大气分子中的电子振荡，这些振荡的电子本身又辐射光，总的效果就是散射太阳光。波长较短的光(可见光范围的蓝端)偏离原来的方向大。当太阳接近地平线时，观察者上方的天空因此就很蓝。离太阳90°以上的天空呈淡蓝，这是由于阳光照到这些天空时，必须在大气中经过一段长路程，因此蓝光就减弱了一些。地平线上太阳附近的天空是红色或黄色的，这是由于这部分天空也是由于阳光穿过长距离的大气层时，蓝光被减弱了的缘故。

各种来源(比如火山、森林大火)的尘粒不仅可能散射出附加的散射光，而且还可能呈现与瑞利散射不同的波长的依赖关系，这在较大的火山爆发后的日落和日出时显得很明亮。在任何特殊的日落中所看到的特别色彩都是由正常的瑞利散射和尘粒的散射组合而生成的。

## 峨嵋佛光是怎么回事?

在峨嵋山,当你背向太阳站在山上凝视脚下的浓雾时,可能会有一连串彩环环绕着你的头影。这组彩环,甚至可能是一些完整的圆,称做峨嵋佛光(宝光或彩光)。当你觉察到这美丽而又神圣的影像绕着你的头影,而你的同伴都没有这神秘的色彩时,可能立刻会有神赐之灵感。

其实,从飞机能看到彩光是经常的事,你如果乘飞机就不妨观察一下,但要坐在背太阳的一边,便能看到在云或轻雾上的飞机影子的周围产生的彩光。

彩光是由半径接近或稍大于可见光波长的小微粒反向散射(即往光源方向散射)的光所造成的。米氏理论描述了这种散射,它不同于对更小微粒适用的瑞利理论或对更大微粒适用的正常反射和折射模型的描述。向光源方向折回的光从一边进入水滴,在水滴里经过一次反射和沿水表面掠过后,从它的另一边出来。这种掠过被描述为表面波,由于不同的入射色光的回折角度稍有不同,因此在观察者的头影周围产生了明晰的彩色光环。由于一个特别的图样的回折角与水滴大小有关,因此如果云里的水滴大小有很大范围,彩色就会消失。

## 路灯的光环

你留意观察一下路灯,就会发现它周围有彩色的光环。产生这种光环的物理过程在于其大小与光的波长接近的小物体对光的衍射。路灯的光环与其他光环不同之处是小物体都在眼睛的

内部。产生这种光环的一些可能的衍射体是眼球水晶体中的径向纤维或角膜表面上的粘液微粒。

## 通过窗帷的灯光

透过窗帷来观察汽车前灯所发出的光,与不用窗帷时观察到的情况,是大不相同的。产生亮带和暗带这是窗帷对光衍射的结果。当你透过伞形织物观察灯光时,也能看到类似的但更富有色彩的衍射花样。

## 光的漂白作用

一件色彩鲜艳的衣服穿着久了会褪色,这是人所共知的事实。同样大型古代建筑上的彩釉和门窗上的油漆经过若干年月也变得黯然无光。这些都是受阳光中紫外线的破坏而产生的恶果。紫外线被颜料中的有机分子吸收以后,就改变了它们的分子结构,最终消除了颜料的大部分色彩性质。在当代的博物馆中,为了均匀照明而安装了许多普通的荧光灯。现已发现,这些灯光发出的紫外线的褪色作用对挂着的画是最严重的威胁之一。由于这些荧光灯能发出相当数量的紫外线,现在为保护珍贵名画,需要滤去灯光中的紫外线,或者是在博物馆中再恢复用白炽灯来照明。

## 穿眼装的学问

假如把刚才讲过的视觉，应用到一些一眼不能立刻看完的大图案上，会得到一些新的意念，比如，矮胖的人如果穿一身有横条纹的衣服，看上去他不但不会变瘦，反而会更胖些。相反地，他如果穿一身有直条且带褶皱的眼装，就会显得修长一些了。

这种错觉可以这样来解释：当我们看这样的服装的时候，我们是不能一眼把它看完的，我们的眼睛必然会不由自主地跟着条纹走。眼睛里的肌肉一用力，就迫使我们在不知不觉中把物体在条纹方向上看得过大。我们已经习惯于把视野里容纳不下的大物体的概念同眼睛肌肉的用力联系在一起。但是，当我们看小的条纹图案的时候，我们眼睛可以留在原处不动，眼睛的肌肉因而也不会感到疲劳。

## 皮肤被晒黑和晒伤的原因何在？

长期暴露在阳光下的皮肤，不但能晒黑，甚至有晒伤的可能，这是阳光中紫外线的作用所致。较短时间暴露于紫外线中使浅色皮肤晒黑，这是由于先氧化正常的无色的色素，然后激活(也许间接地使抑制剂减活)酪氨酸酶的缘故。这种激活作用使黑色素(综合或黑色的色素)的数量增加。黑色素保护皮肤的细胞核是由于在细胞上形成一层可滤除紫外光的黑色素层。如果你受到的紫外光的剂量既大，时间又长，暴露的皮肤的真皮和表皮都可能受到损害。结果，毛细管扩张并把较多的血带到皮肤的表面上，

因此使皮肤既红又热，进而出现烫伤的迹象。

晒黑和抗晒剂主要有三种类型。一种类型(含有氧化锌或氧化钛)是屏蔽所有的紫外光和可见光，因此可免除晒黑而保护敏感的皮肤。另一种类型(例如二苯甲酮)是吸收所有紫外光的，因此也保护皮肤不晒黑。第三种类型(包含一些物质如氨基苯酸类)靠选择吸收作用使皮肤既能免于晒黑又免于晒伤。紫外光的波长范围约从0.28至0.40微米。比这个范围短的波长通不过大气，比其长的波长在可见光范围内。0.29至0.32微米之间的波长范围最易引起晒黑。第三类防晒剂主要是滤掉低于0.31微米的波长。

在早晨和傍晚，晒黑和晒伤的可能性较小，这是因为阳光必须在大气中通过较长的路程，因此紫外光被吸收得较多。玻璃也吸收紫外线，高山上晒伤的可能性较大，因为太阳光通过大气的路程较短。海岸边晒伤的可能性较大是因为从沙滩上反射的紫外线造成的。

## 奇妙的萤火虫

每当夏秋时季，在树丛和草地上都飞舞着许多萤火虫，它们如同小灯笼似的在空中闪烁着。据报道，亚洲的萤火虫能同步闪光一说。试想象在一株株参天大树上，每一片叶子上都有一只发光的萤火虫，所有的萤火虫都以在两秒钟内约3次的速率完全同步地发出闪光，而在闪光的间歇时刻，树木完全处于黑暗之中……如果在一条幽静的山谷中的树林里，每一片树叶上的萤火虫都在同步地闪光，你站在远方的一个山头上注意观察，那该是一幅多么令人惊奇的壮观的景象啊！

萤火虫所发出的光，通常被称作冷光(意思是在热现象上，说没有能量损失,相比而言白炽灯发出的就是一种“热光”了)。

还有很多其他的有机体本身也能发光,例如巴西的铁路蠕虫头上发红光而身体下侧发绿光。而双鞭甲藻,白天被扰动时(比如被船扰动时)会产生一片红光,出现宛如“海洋着火”般的现象。但在晚上被扰动时,它们则发出蓝色的辉光。另外有一种甲壳动物,把其干燥的甲壳弄潮湿以后就能发出辉光。这里曾有一段故事,那还是第二次世界大战中,日本兵感到较强的灯光危险性太大,因此便想法改变照明光源,他们在干燥的甲壳动物上吐一点儿唾沫,就可以发出足够亮的光来观看一张地图。

据报道,还有不太常见的自然发光的例子。比如在暗室里切土豆发出的辉光足以供一个人阅读之用。有时尿会在黑暗中发出辉光,尤其是当一个人相信黑暗能帮他隐蔽自己的时候,反而却最容易暴露自己,甚至有过死尸在黑暗中发出辉光的例子。

在上述发光现象中的每一种,光都是由两种物质产生的。这些物质的一般名称是虫荧光素和虫荧光素酶,它们的结构是不相同的。虫荧光索酶是一种酶,是产生光反应的一种生物催化剂。海洋生物可以用三种方式发光,它们可能有专门发光功能的细胞,甚至这类细胞也许能有像灯泡那样的发光功能。

双鞭甲藻在白天靠它们的自然色使海洋变成红色、黄色或棕色。而在晚上,当它们被扰动时能发出蓝色的辉光,是由于它们体内的某些生物钟调整着这些光的发生的结果。例如,双鞭甲藻在受扰动后安静地放在弱光下,可以有一个上午的最大光输出,在弱光条件下,这种律动可以持续几个星期。

萤火虫开动一连串的化学反应来产生光,它们的能量转换为光能的效率是100%,即在化学反应中每氧化一个虫荧光素分子就发射出一个光分子。这和白炽灯、烛光、红热的火钳等有所不同,萤火虫的光不为温度和快速的分子热骚动所决定的,因此被称为“冷光”。已报道过的食物发光多半是由于细菌发光所引起的,细菌发光是细菌从营养物中获得的能量中转换成的。

## 变色镜的奥妙在哪儿？

变色眼镜能根据阳光的明暗程度而自动地改变颜色的深浅度。即在室内的颜色浅，然而当暴露在日光中时就立刻变深了，一旦遮掉阳光后就立刻发生逆变化。这类玻璃对光的透射能力有可逆性，是由于它们含有能对光起反应的小晶体的缘故。当这些晶体是溴化银时，那么光使银离子转换成银原子，因而使玻璃的颜色变深。但是，在光一旦变弱的时候，银原子又在溴化物附近被捕获，两者又结合成溴化银，故变深过程就发生逆转。

## 夕阳的扇形霞光

偶尔，你会看到一种日落现象，此时从正在下落的太阳放射出万道霞光，这些射线在西部的天空展开成扇形。但是，这并不说明是由于山或云遮住了一部分阳光而产生的。在极个别的情况下，你还可以看到这些射线从西方的太阳上发射出来，成弧形穿过苍穹而又会聚到东方的对日点上。然而，从远离我们的太阳发出的光线实际上是平行的，它们看上去好像在远方的某一点相遇的现象只是一种幻觉而已。这种幻觉在日常生活中也比比皆是。比如，当你站在一条很长且很直的铁轨中间时，假若你不知道远方铁轨的实际情况，似乎铁轨会聚于地平线上某一点似的。